文‧攝影◎劉伯樂

最近，自然文學方興未艾，許多文學家寄情於山光水色，取法乎蟲魚鳥獸。雖然這些作品和求真求實的科學領域還有一段差距，但是若能善盡一個觀察者的角色，以文學的視角涉入科學議題，常常更能引人入勝。那是因為人們對於科學的好奇，逐漸走出實驗溫室，藉著文學的普及走入民間，正是「舊時王謝堂前燕，飛入尋常百姓家」的寫照。

　　可是，尋常百姓對於身邊的野鳥認識多少呢？戀愛的時候從「關關雎鳩，在河之洲」到「在天願作比翼鳥…」總要能朗朗上口幾句；寄居亞熱帶台灣的人竟然可以看到「胡馬依北風，越鳥朝南枝」這樣淒楚的場面，還免不了一掬懷念故土的淚水；更有人相信「梧桐相待老，鴛鴦會雙死」這種不切實際的睜眼瞎話。野鳥之於文學；文學之於民

間，只不過是茶餘飯後，感、寄、憂、懷的替代品而已。主要原因還是在於古老的、因循的、附會的、不科學的概念文學依然借屍還魂。即使是現在，膚淺的兒童文學作品，仍然不停的教育我們「啄木鳥是樹的醫生」、「春天來了，燕子也來了」、「貓頭鷹博士」、「烏鴉如何汲水」。不久前，文學界還津津樂道的要「預約一個夏季的蛙鳴」呢！文學之於自然，仍舊不求甚解。

鳥類在地球上已有一億三千八百萬年的歷史，甚至有跡證顯示，鳥類是恐龍的化身，曾經脫胎換骨，浴億萬年演化之火而重生，在地球的自然演化史上，絕不只是「睆睆黃色，載好其音」、「倉庚于飛，熠耀其羽」的扁毛畜生而已。

從多年前開始，我選擇以野鳥作為繪畫的題材。為了畫出細膩、生動的生態畫，必須走出戶外、上山下海、仔細觀察和親身體驗，學習來自田野的語言。從野鳥的婆娑世界到自然野地的風花雪月、蟲鳴鳥叫，多的是讓我攝影、觀察和記錄的題材。偶有感想和心得，能夠成為篇章的，也都盡量取材隨手可得的知識加以描述和記事。

本書內容或散文或故事，或有感而發的筆記形式，都是斷章的記錄。有些也曾在書報發表，文學上鶯鶯燕燕的詞語，當然不能做為自然科學的資料和參考；也有些是近年觀察記錄和片段整理所得，邏輯章法凌亂，更不能以科學的道理來衡量。所以內容裡提到的「時間」，如「今年、最近、馬上…」，都不具有時間上的參考意義；也有許多名詞、定義是參考古籍、圖鑑和論文而來，其中所使用的鳥類術語、專有名詞，難免參考工具書籍，或沿用通俗的術語。當

然也有我個人多年觀察野鳥的觀點和心得點滴；有些與市面上賞鳥工具書略有出入的，就把它當做是文學的創意吧！

寫作時，不得不使用一些難寫難唸的字眼，如「鸙鷥、小鶍鷉、鶯、鵺、鶼」等艱澀的文字，真不知道這些古字、外來文字在什麼保護之下，竟能沿用到現在？此外「鳥、拍鳥、拍攝、鳥畫、畫鳥、鳥名」等通俗的術語，做為文藝用語實在也有些格格不入。

尋找資料的過程中，赫然發現許多原來熟悉的鳥類名稱，在無聲無息中已經遭到竄改。將「黑雉雞」改名為「帝雉」，曾經榮耀了帝國聲威嗎？又將「帝雉」改成了「黑長尾雉」就能夠消去心頭大恨，完成復興大業了嗎？鳥類名稱紊亂無章是本書盡量避開科學邏輯範疇的原因。我使用的鳥類名稱主要是根據《台灣野鳥圖鑑》所登錄的鳥名。不論沿用什麼版本，自是應以拉丁學名為主要依據。

◎ 翠鳥又名魚狗或釣魚翁，顧名思義是善於捕魚的野鳥。

翡翠科

閉著眼睛的野鳥攝影

鳥類攝影花去了我許多時間耐心的學習，一再嘗試與失敗，其中甘苦少有人知道。不過，我也常開玩笑的說：「我閉著眼睛也可以拍到精采的照片」，就像拍攝翠鳥一樣。

我在挖仔尾堤防附近的廢棄魚塭裡插上一根竹枝，那是設定來給翠鳥停棲用的。再用樹枝、芒草蓋一個掩體，好把自己隱藏起來，然後架好相機和望遠鏡頭，焦距對準竹枝頂端，一切準備就緒。我知道翠鳥就在附近的某處，於是拿出預先準備好的小塊土司麵包丟入水中，麵包引來一群豆仔魚在水面下爭食，不一會兒，就聽到「喞，喞」的聲音，一道青影掠過眼前，衝入水中，一隻翠鳥口中銜著鮮活的魚兒就停在我設定好的竹枝上，一切都按照預定的程序，這時候的我連鏡頭都不需要看，只要不停的按下快門，保證張張都是精采的作品。

鳥類攝影者平時熟習野鳥習性和累積野外觀察的經驗，然後操作複雜的機械，顯得駕輕就熟；就好像每天吃飯和運動，儲存著許多營養和體能一樣，有了營養和體力，一旦遇到賽跑，只不過是加快走路的速度而已。

野鳥觀察筆記

胼趾足

翡翠科鳥類習慣生活在水邊，定點俯衝捕食魚蝦。有巨大、尖銳的嘴供捕食和強有力的翅膀供飛行、滑水，足部除了停棲之外，幾乎失去運動的功能。於是牠們的趾爪單純化，前三趾基部癒合，看起來好像是前、後各一趾的樣子，我們稱為「胼趾足」。

胼趾足

翠鳥

◎ 翠鳥停在池塘、水域附近的凸枝或高點上，看著水中的游魚，一有機會立即俯衝穿透水面捕魚。

野鳥觀察筆記

鳥類攝影

大致可以分為藝術攝影和生態攝影兩種類型。

藝術攝影著重於技巧安排、畫面唯美,簡而言之,就是以美麗的鳥類外型做為攝影藝術的素材。生態攝影取材比較注重鳥類行為、特徵、生態環境的記錄性與解說性。

兩種攝影方式並沒有明顯的法則可供依循,端視攝影者的動機與心態。

定點飛行

鳥類的翅翼在飛行時,不但可以滑翔也可以用來推進。不過要在空中定點停留,卻不是一件簡單的事。蜂鳥之所以能夠在空中停留、前進、後退、左右橫移,是因為牠前肢的肱骨與肩臼骨結合處有更大的轉動空間,提供翅翼多角的旋轉幅度,造成更多的飛翔面。台灣常見的紅隼和翠鳥,也能夠做短暫的定點飛行。

岩鷚科

玉山上的鳥語

孤獨的登山者必須學會解讀任何蟲鳴鳥叫所帶來的訊息。

四月初，天剛亮時，玉山主峰還留有許多殘雪，我剛拍完日出，躺在一塊岩石後面補足睡眠。正要入睡的時候，聽到了兩隻岩鷚在不遠處碎石坡上嘰哩、嘰哩的對話：

「…不吃白不吃，我才不在乎呢！」

「可是，阿江，那是垃圾啊！」

「寶珍，妳錯了，那是人類的垃圾，是我們鳥類的食物！妳看，光是地上的泡麵就有多種口味…」。

「少噁心了，最近登山客愈來愈多，一上山就大吼大叫，然後吃東西、丟垃圾，下山之前還要隨地大小便…，這裡都快不能居住了。」

「寶珍，妳想想，以前高山上的生活是多麼艱苦啊！至少現在只要跟著遊客走，就有吃不完的食物，何況…」

聲音愈來愈遠。

我心想，玉山上的岩鷚也和我們一樣面臨開發與環保的問題。只不過人類對未來環境擁有抉擇的權力，而岩鷚只有逆來順受的分。

我被一陣么喝的叫鬧聲吵醒，接著聞到一股泡麵的香味，一群登山者正坐在岩石上吃早餐。我趕緊收拾背包下山去，深怕他們會小便在我身上。

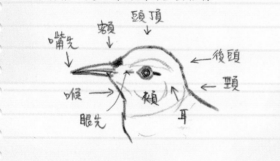

野鳥觀察筆記

頭部

鳥類頭部形狀以及眼、臉、頸、喉、腮、頰的些微特徵，是野鳥辨識的主要依據。

頭頂
額
嘴先
後頭
喉
頸
眼先
頰
耳

有鳥飛過

15

◎ 大彎嘴畫眉的濃妝豔抹，卻生性隱密羞於見人。在低海拔灌木叢活動，常常只聞鳥聲不見鳥影。

畫眉亞科

黑眼罩大盜

　　我在野外拍照，累了就在車裡休息，車內正播放著野鳥聲音的音樂帶，不知不覺中睡著了。一群持刀的蒙面盜匪出現在車外。

　　其中一個大漢，帶著黑眼罩，手持彎刀架在我的脖子上，「咕咕咕──，咕咕咕──！」嘴裡發出奇怪的聲音。

　　我隱隱約約知道這是一個夢，夢醒了就沒事了。

野鳥觀察筆記

畫眉亞科

台灣的畫眉亞科鳥類，不論在數量或生存領域上，都可說是優勢族群的鳥種。牠們共同的生態行為是善鳴、群居，喜歡在隱密灌木叢中穿梭跳躍。絕大多數成為台灣特有種或特有亞種，可能和牠們不善於飛行有關。體型從金翼白眉的中型鳥到山紅頭的小型鳥，差異很大。

◎ 繡眼畫眉

◎ 小彎嘴畫眉是海邊、平地、中低海拔常見的野鳥，常常5至6隻小群活動，聲音婉轉嘹亮變化多端。

「你…你說什麼，我聽不懂。」我壯著膽強作鎮靜的說。「你的打扮過時了…，這…這個時代哪裡還有像你這種造型的強盜？」

「咕咕咕──，意思是『還我同伴來－』」另一個手拿大彎刀的匪徒在一旁說：「自從人類偷走我們的歌聲，誘拐我們的同伴，大家不再唱歌，也交不到朋友，只能成天躲在陰暗的草叢裡…。」

「咕咕咕──！」話沒說完，戴著黑眼罩的盜匪把彎刀刺向我的喉嚨。

◎ 小彎嘴畫眉。

◎ 藪鳥。

「這是夢！這一定是夢！」我極力的掙扎，終於擺脫了這個可怕的夢魘。醒來時，車上的音響正在播著大彎嘴畫眉的聲音，吸引一群彎嘴鳥兒在附近草叢裡探頭探腦。黑色的過眼線像極了蒙面盜的黑眼罩，其中一隻嘴裡發出「咕咕咕──」的聲音，彎彎的嘴不就是那把彎刀嗎？

我知道許多養鳥人在野外設下陷阱，用錄音機播放畫眉鳥的錄音帶誘捕野鳥，將捕捉到的畫眉鳥飼養在罩著黑布的小籠子裡，每天早上提著籠子到公園裡遛鳥。失去自由的畫眉，隔著籠子彼此對唱，互訴衷情。養鳥兒的主人在一旁翹腳撚鬍子，欣賞畫眉鳥悲哀的歌聲，還自以為風雅呢！

野鳥觀察筆記

鳴禽

鳴禽並不是野鳥分類上的名詞。大凡鳥音足以取悅人類的都可以稱為鳴禽。其中畫眉亞科、鶲科鳥類，歌聲變化婉轉最受人喜愛。中國文人或仕途遇到挫折，聞杜鵑「不如歸去！」叫聲，萬念俱灰萌生退意，杜鵑也成為中國文人心目中略帶哀戚的鳴禽。最近風行飼養綠繡眼、白頭翁、雲雀，可能也都是牠們善鳴惹的禍吧！

◎ 畫眉

◎ 春天櫻花盛開的時候，白耳畫眉成群吸食花蜜，優美的姿態和鮮花相映，是花鳥攝影的明星。

抗議「據為己有」

「回——回——回喲！」白耳畫眉的叫聲婉轉悅耳，常常此起彼落互相呼應，好像人類的語言一樣，彼此間傳遞著某種訊息。因為是珍貴的鳴禽，所以常常是寵物店裡的嬌客，也是捕鳥人張網捕捉的對象。牠們喜歡呼朋引伴成群覓食，而且每天飛行的路線十分固定，只要計算好鳥群經過的地方，設下鳥網，往往能夠一舉成擒。

我在深山裡一條荒沒了的林道上，看到了一整排捕鳥網，又細又韌的黑網上掛滿白耳畫眉正在作垂死掙扎。剛想破壞鳥網解放野鳥的時候，捕鳥人從後面草叢裡出現了。捕鳥是違法的，他作賊心虛，佯稱自己是野鳥保育的義工，正在做鳥類繫放的工作。說完心不甘情不願的把網上的鳥兒解下放飛。看著他收拾網具正要離開的時候，我發現他身邊的布袋裡鼓鼓的，好像有東西在掙扎著，心想那一定是他之前捕捉的畫眉，於是靈機一動，用口哨聲吹出白耳畫眉的聲音：

◎ 白耳畫眉。

「回—回—回喲！」

布袋裡一陣騷動後，馬上有了回應：

「據—為—己有」、「據—為—己有」

是一隻白耳畫眉著急的叫聲。

捕鳥人滿臉通紅，不得已解開布袋，放走白耳畫眉，然後悻悻然的離開林道。

「據—為—己有」可能是白耳畫眉情急之下求救的聲音，可是卻像一把刀刺入了捕鳥人心裡，控訴人類「貪婪」、「無恥」的行為……把另一個生命「據為己有」。

◎ 金翼白眉善於鳴叫，歌聲悅耳，卻不善飛行。在高山地區的矮灌叢中或地面上穿梭、跳躍。

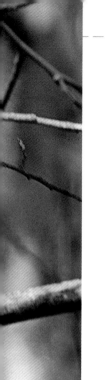

◎ 金翼白眉。

松音梵唱

　　林道沿著中央山脈的深谷蜿蜒而上，道路也愈來愈險峻難行。路的盡頭有一座小廟，據山上人家說這座廟是為了紀念篳路藍縷以啓山林的開路英雄。我們打算在廟旁廢棄的工寮裡過夜。第二天一早，被鳥叫聲吵醒，一群金翼白眉圍繞在小廟四周，唱著清脆婉轉卻又帶著些許淒涼的歌聲。

　　很久以前，人們渴望森林裡的資源，工人們一邊伐木一邊還要沿著山谷開鑿林道，既辛苦又危險。當他們工作時，常常聽到從溪谷裡傳來悅耳的歌聲。據說河流上游的森林盡頭，住著一群美麗的少女，身上穿著羽毛的衣服，手上戴滿了金色的手鐲，她們在河床上一面淘沙取金、一面唱著動人的歌聲。年輕的工人們個個陶醉在少女的歌聲中，忘記了辛苦也忘記了危險。他們拼命的工作，爭先恐後開路，想要早一天到達充滿歌聲、美女、黃金的世外桃源。

　　林道完成時，滿山的林木也同時砍伐殆盡，鳥飛獸走，既沒有黃金，也沒有美女。耗盡青春的工人們望著光禿禿的山谷和枯竭的河水，鬱鬱以終。

　　停止伐木以後，山林經過多年的涵養漸漸有了生息，身穿羽衣金色翅膀的鳥兒回來了，整天在廟前不停的唱歌。小廟名稱「淘心寺」，左右門聯：「淘盡人間淒寒歲月直達世外桃源，心聞天闕金鏗玉鏘不若松音梵唱。」

◎ 金翼白眉。

◎ 紋翼畫眉是台灣特有種鳥類，生活在中海拔山區。

野鳥觀察筆記

斑紋

鳥類外表顏色的變化和羽毛排列結構，產生不同類型的斑紋，
賞鳥者為了方便描述，各部位的斑紋都有不同的名稱。

◎ 冠羽畫眉的體形和麻雀相當，也是群棲性的鳥類。頭上有一撮尖尖的飾羽，模樣十分可愛滑稽。

千山獨行

一隻落單的冠羽畫眉格外引起我的注意，讓我想起多年前一本轟動藝文界的暢銷書《天地一沙鷗》。

海鷗岳納珊與眾不同，牠認為身為海鷗不應整天在海面上爭奪食物，應該追求更崇高的理想。透過學習、領悟和信心，就可以達到生命真正的目的。於是，岳納珊勤練飛行技巧，當然也成為其他海鷗們嘲笑的對象。

◎ 冠羽畫眉。

冠羽畫眉總是集體活動。牠們每天沿著山谷吱吱喳喳的，從這一棵樹飛過另一棵樹，繞了一圈再回到原來的地方。世世代代遵守著唯一的信念：「跟著大家一起行動一定錯不了。」於是牠們一起覓食、一起玩耍，沒有自己的行動，也沒有自己的思想。甚至有人還懷疑牠們會一起築巢、一起養育後代呢！

這一隻落單的冠羽畫眉不理會同伴的呼喚，一會兒對樹枝上一粒螳螂的卵塊感到好奇，一會兒逗一逗趴在樹枝上的條紋松鼠，還有一次大膽的跳到地面上來，差一點成為鎖鍊蛇的午餐。離開同伴的時間裡，到處充滿了新奇和刺激，當然也充滿了危險。這隻離經叛道不合群的鳥，發現了新的生活方式，就是因為牠不盲目的追隨別人，懂得自己思考而已。

◎ 冠羽畫眉。

◎ 小白鷺是鄉間、田野、溪流、海邊常見的留鳥，也是台灣農村代表性的野鳥。黃色足掌是辨認的依據。

孤霜傲雪小白鷺

　　許多人類自認為具備了適應生活上所需要的各種知識。他們懂得如何開著車在都市裡橫衝直撞，如何比別人快一步擠上公車而不必排隊，如何吸引顧客上門，如何在適當的時機買賣股票。可是，一旦到了野外，竟連本土的小白鷺和外地來的大白鷺都無法分辨。他們以為只要是白色的鳥，統統都可以叫做白鷺鷥。難怪有一隻名叫美滿的小白鷺最瞧不起這些自大而粗俗的人類。

　　美滿不但瞧不起人類，也瞧不起自己的同類。自從挖仔尾附近堆起一座垃圾山以後，許多同伴們放棄了原有的生活方式，自甘墮落，跑到垃圾山上討生活，淪為垃圾鳥。可是美滿一向潔身自愛，不屑和牠們同流合污。牠用心體會四季的變化和潮汐的漲退，堅持在田裡、沼澤中，一飲一啄，用傳統的覓食本領捕捉魚蝦和小蟲。食物雖然不豐富，但是日子倒也過得悠閒而有尊嚴。

◎ 小白鷺。

　　前年，我在一處淺水的沼澤中第一次見到美滿，牠潔白優雅的體態和孤傲的身影映在綠色的水波中，令我印象深刻。然而，最後一次看到牠是今年的3月中旬，離沼澤不遠處的茭白筍田裡，雪白的屍體躺在綠色的雜草中令人觸目驚心。美滿身上沒有任何的外傷，不像遭到獵人或猛禽的攻擊。倒是附近田裡的吳郭魚死了一地，就連地下的鰻魚和鱔魚也都鑽出泥土，死在洞口，顯然是毒魚或是廢水、農

◎ 小白鷺純白、溫馴、丰姿綽約；成鳥胸、背、後頭部長出絲狀飾羽。

藥污染的後果。

　　遠處傳來吵雜的聲音，那些墮落的小白鷺們正在垃圾山上爭奪食物。我看著美滿僵硬的屍首，心想：難道這就是優勝劣敗，適者生存嗎？遵守大自然法則竟是這樣的下場嗎？我拿出相機，為孤傲的小白鷺留下最後的身影。

野鳥觀察筆記

翼

賞鳥者對於鳥類翅膀，比較著重牠們展翅時的外型，尤其是鷲鷹科猛禽。觀賞空中盤旋的猛禽，多半必須仰角透空觀察。翅翼的長短、寬窄，翅形的些微差異，都是種類辨識的根據。

翼帶

◎ 夜鷺。

農村之友白鷺鷥

◎ 小白鷺。

◎ 小白鷺。

「白翎鷥，車畚箕，…」台灣兒歌裡白翎鷥就是白鷺鷥。其實白鷺鷥只是所有白色鷺鳥的通稱，其中包含有大白鷺、中白鷺、小白鷺、黃頭鷺…等多種鷺科鳥類。有人形容辛苦的農夫「兩足如鳧鷖，終日在煙渚」，兩腳像鳧鷖一樣，整天在水田裡工作。如果說鳧鷖就是白鷺鷥，用牠來和田裡的農夫互相寫照也十分貼切，因為早期用來宣傳安和樂利的台灣農村，綠油油的稻田、阡陌交錯、雞犬相聞之中，白鷺鷥總是不可或缺的重要圖騰。

鷺科野鳥平時單獨行動，到了傍晚常會成群聚集在水邊樹林裡棲息過夜。繁殖季節時，小白鷺、夜鷺、黃頭鷺…等鷺科鳥類，都會選擇在同一處樹林裡結巢，大家輪流警戒，發揮守望相助的功能，形成生態上十分特殊的「鷺鷥林」景觀。

有一次，我在一處鷺鷥林裡拍照。四周雜木林的枝葉上布滿了白色的鳥糞，幼鳥屍體和腐敗的食物鋪滿一地，風聲、警戒聲、吵雜聲不絕於耳。受到驚擾的巢中幼鳥，會不由自主的將消化道裡尚未消化的食物噴向敵人，這也算是一種自衛性的防禦本能。我在鷺鷥林裡好像置身外星世界一樣，每跨足一步都得戒慎恐懼、戰戰兢兢，並不時要閃躲臭彈攻擊。

回家檢視拍攝的作品，眾多白鷺鷥巢中，竟然有一個中白鷺的窩巢。中白鷺是候鳥，理論上不會在台灣築巢繁殖，很高興能夠拍照存證。辛苦的鷺鷥林工作，總算有一個意外的收穫。

◎ 中白鷺是冬候鳥，每年9月至次年10月飛來台灣度冬。在水田、池塘、沼澤地區棲息覓食，最近也發現在鷺鷥
林裡繁殖哺育，所以有些中白鷺還是選擇留在台灣。

野鳥觀察筆記

鷺鷥林

鷺科野鳥常常在棲地附近樹林裡集體營巢,當地人習慣將營巢地點稱為「鷺鷥林」。有趣的是,在鷺鷥林裡營巢的並不是單一鳥種,常見的有:小白鷺、黃頭鷺、夜鷺等,最近還發現屬於候鳥的中白鷺也選擇在鷺鷥林裡結巢繁殖。可能是在鷺鷥林裡,可以互相警戒達到守望相助的安全效應,這是生物界裡很典型的社會結構。

◎ 中白鷺有繁殖的紀錄。

◎ 夜鷺俗稱「暗光鳥」，喜歡夜間活動，讓魚塭養殖業者視為大患。不過白天也常見在污染的水域覓食。

夜鷺奇譚

「山城釣魚人與夜鷺成為好朋友。」

這是某報地方版的一則新聞。

愛鳥的人開始議論紛紛，因為夜鷺通常棲息在沼澤地或河口，山裡的小村落，怎麼會有夜鷺呢？讓我們來追究這到底是怎麼一回事？

夜鷺阿春在一場食物爭奪戰中被打敗了，決心離開從小長大的棲息地。阿春出生在小溪下游的鷺鶯林中，自從溪邊開了幾家土雞城餐廳以後，每天餐廳的殘羹剩飯都往溪裡排放，溪裡有吃不完的食

野鳥觀察筆記

指標鳥

有些鳥類對特定環境的偏好度很高，當牠們在某個地方出現時，我們可以藉此來評估這個地方的環境特質。好比說小剪尾只在乾淨的溪流水域活動，當某一條河流出現小剪尾時，我們可以說這一條河流沒有受到污染；相反的，若是看到夜鷺出現，也可以喟然而嘆，因為河流已經不再乾淨了。小剪尾和夜鷺都是河流污染與否的指標鳥。不過隨著人類亂丟垃圾的惡習，原本被認為乾淨指標的鳥類不再潔身自愛，紛紛變成垃圾的指標鳥。

◎ 夜鷺站在水中期待上游漂下來的廚餘垃圾，已經成為夜鷺標準的覓食方式。

物。每天只要選定一塊水面上的石頭站著，食物就會源源不斷的隨著流水送上門來，雖然河水愈來愈髒，吃的又是人類的垃圾，可是同類們都不在意。阿春的確過了一段悠遊自在的童年。

　　溪流的下游因為食物豐富，吸引許多外地的夜鷺前來居住，並且繁殖迅速。這幾年雖然多開了幾家餐廳，排放出來的垃圾食物仍然不夠分配。為了爭奪食物，夜鷺們已經到了六親不認的地步了。就像剛才，竟然為了一塊雞皮和兒時同伴們大打出手，夜鷺之間道德淪喪，是阿春下定決心離開家鄉的最大原因。阿春帶著悲傷的心情離開自己熟悉的家園，默默的往溪流上游飛去，在一個水潭邊停了下來。月光下第一次從清澈的水中看到自己滿身油污的倒影。阿春飢腸轆轆，自己從來沒有捕食的經驗，想起往後的日子不禁悲從中來。

　　清早，老人照例扛著釣竿到水潭邊釣魚。老人世代務農，因為無法適應都市中的生活，離開了兒子和媳婦，回到鄉下的老家。原有的土地早已租售給外地人開餐廳，還好靠近溪谷上游還有一塊薑田和一間工寮。老人索性獨居在山中躬耕而食，閒來就到溪邊垂釣，過著閒雲野鶴的日子。今天他發現一隻從未見過的大鳥站在石頭上，笨拙的捕魚動作好幾次逗得老人哈哈大笑，老人好心的把釣到的小魚餵給阿春，從此夜鷺天天跟著老人，成為形影不離的好朋友，並且登上報紙地方新聞。

◎ 夜鷺幼鳥。

　　這真是一個美滿的結局！可是，你知道夜鷺和老人各有什麼計畫嗎？阿春打算回到溪流下游率領親戚朋友到牠新發現的桃花源，而老人正盤算如何開路整地，在水潭旁邊開一家不一樣的土雞城餐廳，親自表演「人鳥秀」以招徠客人。

◎ 黃頭鷺又稱為「牛背鷺」，黃牛或水牛背上站著一隻白色鷺鳥，既寫意又優雅。自然界中不同生物之間，互相依存的關係屢見不鮮。

報馬仔黃頭鷺

在台灣農村仍然可以看到黃頭鷺悠閒的站在牛背上，一副怡然自得的模樣。水牛慢條斯理的咀嚼著反芻的食物，看似忠厚老實、沉默寡言，其實是「秀才不出門，能知天下事」的好樣。水牛們不但知曉國際間的大事，並且常常關心遠方朋友的瑣事。牠們是如何辦到的呢？

黃頭鷺是候鳥，也是水牛的好朋友，牠們見多識廣，常常利用南北往返遷徙的機會，替散布在各地的牛隻們傳遞訊息。從隔壁村莊使用過量的除草劑到比利時的「戴奧辛」污染；從地球的溫室效應

◎黃頭鷺。

到台灣爆發口蹄疫事件。牛和牛之間流傳著驚悚的話題，牠們共同的結論是：「環境品質低劣，天不再藍、水不再清、草不再綠」。那麼，「是誰惡化了我們生存的環境呢？」黃頭鷺帶著新的問題，再度往來於南北之間。

當你再一次看到黃頭鷺站在牛背上時，不要以為這個畫面代表台灣農村安和樂利的寫照，也許黃頭鷺正在水牛的耳邊說：

「親愛的朋友，快逃命啊！」

我們也彷彿聽到水牛無奈的回答：

「要逃到哪裡去呢？」

◎ 黃頭鷺在分類上屬於夏候鳥，不過似乎一年四季都可以看到牠們，比較喜歡在鬆
　軟的田間、草地活動。

野鳥觀察筆記

擬態

有些鳥類也能模擬身邊野草、枯枝的型態，藉以達到欺敵的效果。

◎ 黃頭鷺。

◎ 黑冠麻鷺喜歡陰暗潮溼的樹林底層，捕食蛙類、蟾蜍、小蛇、蚯蚓。羽毛具保護色，遇危險可以就近飛到樹枝上。

◎ 黑冠麻鷺亞成鳥。

隱形鳥

　　荔枝園入口處有一間小土地公廟，也許是從小養成的習慣，我總會走到廟前雙手合十，祈求土地公保佑我平安。有人說方圓之內大小生物都受到土地公的庇蔭和保護。土地公能夠洞察人心，只有對大自然心存敬畏的人，才得以在祂管轄的領地裡一窺自然界的堂奧。

　　進入荔枝園裡，我先觀察一下四周，除了風吹草動，似乎了無生趣。村裡的人告訴我，一隻會隱形的鳥，常在土地廟附近徘徊，只有心存善念的人才看得見。那會是一隻什麼樣的鳥呢？

　　我有備而來，身上蓋著一件迷彩布，在一處枝葉濃密的樹下坐定。除了眼睛以外，全身一動也不動。想要觀察一隻隱形的鳥，得先把自己「隱形」起來。大約半個鐘頭以後，原本矗立在小徑旁的一片草葉居然動了起來，並且慢條斯理的走著。那是一隻黑冠麻鷺，身上的保護色加上靜止不動的偽裝術，就是牠隱形的策略。

　　所謂「萬物靜觀皆自得」，如果你仍然粗枝大葉，輕浮的走進自然世界，也許你什麼都看不到，因為土地公讓所有祂的子民都隱形了。

◎ 黑冠麻鷺捕捉蚯蚓。

◎ 蒼鷺是大型鷺科野鳥，在河口、沼澤、池塘、海岸活動。覓食方式常與潮汐互動，追尋魚群。

野鳥觀察筆記

偽裝　偽裝帳棚

鳥類攝影者為了要更接近目標，而不驚擾野鳥，往往利用地形地物將自己偽裝起來。有人就地取用樹枝野草遮蔽；有人搭起偽裝帳棚；也有人身穿迷彩衣褲全副武裝，好像在叢林裡打野戰似的。有時候，偽裝隱藏的目的是為了避人耳目，因為野鳥攝影者鬼鬼祟祟的行徑，容易引起好奇者的注意。偽裝或許可以掩人耳目，卻不一定瞞得過明察秋毫的野鳥。

◎ 鷺生性機警，遇到危險常伸長脖子，嘴尖朝上，偽裝成一枝野草。身上的斑紋與環境色融合，讓人撲朔迷離，
　　能夠近距離拍攝實在難能可貴。

◎ 大白鷺。

◎ 大白鷺當然是體形最大的「白鷺」，除了體形之外，細長的脖子呈「S」形也是主要辨別的特徵。

◎ 台北植物園裡來了一隻黃頸黑鷺，引起不小騷動。

野鳥觀察筆記

公冶長

公冶長字子長，戰國齊人，是孔子的學生。傳說他懂得鳥語因而避開了災禍。我在拍照時，也常常吹著口哨，模仿鳥鳴聲，常常會吸引野鳥附和共鳴或好奇觀望。

文鳥科

麻雀，麻雀

　　關渡平原已經規劃為水鳥保護區。成群的賞鳥人經常聚集在堤防上賞鳥，一聽說有遠來的候鳥停在遠處的沼澤中，大家奔相走告，竭盡眼力之所能的在沼澤區中搜索，並且呼朋引伴，互相交換觀察的心得和情報。若是有比較罕見的候鳥停棲，馬上成為所有望遠鏡和攝影機的焦點，許多人費盡心機想要靠近觀察，想要多獲得一些資料或獨家鏡頭，使得這些候鳥們受寵若驚，一舉一動都受到愛鳥人的嚴密跟監。

　　「為什麼遠來的野鳥特別受到歡迎呢？」

◎ 小巧可愛的麻雀。

「遠來的和尚比較會唸經嗎？」

麻雀們七嘴八舌憤憤不平的說。

「同伴們，聽我說…」一隻年長的麻雀安撫大家：「我們麻雀一年四季住在台灣，不需要千里跋涉，南北奔波，那是因為——」

「我們喜歡台灣！」眾麻雀異口同聲的回答。老麻雀接著說：

「對！我們不嫌棄台灣的環境和氣候，不論高山、平地或城市、鄉下，當人類住茅屋平房時，我們住在他們的屋簷裡，人類住在高樓大廈時，我們也可以在冷氣孔下築巢。不論環境怎麼改變，我們都能生存，那是因為——」

「因為我們有適應環境的能力！」麻雀們情緒高昂。

老麻雀又說：「我們能和人們和平相處，成為台灣數量最多的野

野鳥觀察筆記

野鳥保護區

野鳥保護區是為了讓野鳥自然棲息、繁殖或自由活動，劃定的一個區域，並賦予法律保護。

◎ 麻雀平時小群活動,到了每年2至4月時,像是趕嘉年華一樣,大群聚集在耕地、曠野上,群飛時遮空蔽天,十分壯觀。

鳥，就是因為──我們從來不引起人類的注意⋯」

「因為我們沒有美麗的外衣、沒有動人的歌聲，我們是一群平凡的麻雀⋯。」所有麻雀一齊叫著，然後飛向天空。

以後當你看到一大群麻雀，吱吱喳喳的不知道在說些什麼？你不需要特別關心牠們。麻雀並不希望引起你的注意，這是牠們生存之道。

野鳥觀察筆記

物競天擇

1859年英國人達爾文出版了《物種原始》一書，主要說明地球上所有存在的生物，都是由「演化」而來，而「物競天擇，適者生存」則是主導演化的物種淘汰制度。物競天擇一說，徹底改變了當時人類的「上帝造物說」神話。然而，現代人類在保護與破壞自然生態環境的爭議中，還是渾然不知的扮演著上帝的角色，忽視了物競天擇的自然法則。

◎ 斑文鳥的習性和食性都和麻雀一樣，卻選擇遠離人煙，只在人類耕地的角落裡生活。

◎ 斑文鳥。

◎ 白腰文鳥也有人叫牠尖尾文鳥，和斑文鳥一樣，是農村耕地上一群文靜的小鳥。

◎ 白腰文鳥。

◎ 褐頭鷦鶯是鄉間野地常見的野鳥，嬌小玲瓏、活潑好動，尤其是細長的尾羽，不停的上下擺動，十分可愛。

誰偷了鳥蛋

　　褐頭鷦鶯在海邊沙地的芒草上做窩築巢，牠們很巧妙的將芒草葉集成一把，再將它們編織成纖細的網袋狀，還畫蛇添足的在袋口上加了一個像屋簷一樣的蓋子。這個蓋子既不能遮風避雨，也不能阻擋敵人入侵，不知道有什麼實質的作用。我看到窩裡有四顆精緻的鳥蛋。

　　我小心翼翼的把自己隱藏起來，海邊來來往往的釣魚人很多，又有海防部隊監視著，看起來鬼鬼祟祟的攝影者，必定引起別人的好奇心。如果我們正耐心的等待鳥兒上鏡頭時，好奇的人跑來問：「請問你在看什麼？」那就慘了！

　　我頂著大太陽，天天在類似沙漠的海灘地上守著這個精緻的鳥窩。第四天清早，奇怪的事情發生了——四顆鳥蛋不翼而飛，是被誰偷走了？讓我們來做一番推理。

◎ 白天有我在現場守著，所以——小偷應該是利用夜晚或太陽下山以後的傍晚出沒。

◎ 鳥窩仍然完好的掛在芒草上，草枝沒有遭到折斷或破壞的現象，所以——偷蛋者不是貓、狗或其他獸類。

◎ 褐頭鷦鶯。

◎ 鳥窩口很小，連小孩的手也伸不進去，況且沙地上沒有人的腳印，所以——小偷不是人類，而且身材纖細。

◎ 褐頭鷦鶯體型嬌小，不可能自己搬移，所以——也不是親鳥或其他鳥類。

67

灰頭鷦鶯能發出像貓或羊
的叫聲。

　　不是人類、不是獸類、不是鳥類，身體細小的夜行性動物就是偷蛋賊。你猜到了嗎？不錯，就是蛇。

　　我在附近一處草堆上找到了一張褪下來的蛇皮，這個發現支持了我的判斷。自然界裡物競天擇；蛇吃鳥、鳥吃蟲是十分平常的事。這一次，褐頭鷦鶯的窩，不是因為我的原因而遭到破壞，我心裡感到足堪慰藉。

野鳥觀察筆記

卵

鳥類產卵猶如生命中的花朵結果了一樣。照顧寶貝蛋的過程中，真是呵護備至。冷了蓋被；熱了撐傘，都出自於親鳥的愛心。鷗科或鷸科鳥類，擔心礁石上的鳥卵過熱，親鳥必須輪流用腹部沾水，回巢替鳥蛋散熱。

◎ 小雲雀的卵和巢。

◎ 高山清澈的溪澗中常有河烏沿著彎曲河道飛行，或在淺瀨區潛水覓食。

河烏哪裡去了

　　台灣河烏科野鳥只有一種，大部分生活在中海拔清澈河流的水域。150年前，英國鳥類學家史溫侯（Robert Swinhoe, 1836-1877）在今陽明山地區捕獲一隻河烏，不知道和現在看到的河烏是否為同種？據我所知，現在台灣北部的大屯、七星山水系一帶，都沒有出現河烏的紀錄，牠們為什麼棄守台灣北部，向南發展呢？

　　在中部山區，有河烏出沒的這一段河谷已經受到保護，必須持有正當的理由才能申請進入。我不知道野鳥攝影的理由算不算是正當？何況最近報紙、電視曾經報導一些鳥類攝影者的惡行惡狀，就算我提出申請，恐怕也是自取其辱罷了！反正鳥類攝影所從事的，一向是鬼鬼祟祟、偷偷摸摸、不欲人知的工作。進出這個受到保護的河谷地也不是第一次了，都是為了拍攝河烏。然而每次也都是「只可自賞玩，不堪持贈君」，河烏自在的在我的眼前追逐著飛來飛去，偶爾停下來，總是在適當的焦距之外，從

◎ 河烏善於潛水捕食，並不是烏鴉的一種。

來不讓我有拍攝的機會。這一次,我選定了一個舒適的地點,搭起偽裝帳棚,決心再賭上一天。

　天氣和煦,心中又無所志懷,倘佯中、陶醉中竟睡著了!不知過了多久,風聲、水聲、鳥聲…,驀然驚醒,4、5隻成群的河鳥,就在偽裝帳棚外面,有的在淺灘區潛水覓食,有的安詳的站在水面石頭上理羽毛,真是得來全不費功夫。由於距離實在太近了,羽毛、水珠在鏡頭下纖毫畢露,卻沒有構圖取景的選擇,隻隻像老母雞一樣占滿整個畫面。不過近距離觀察,卻有不少生態行為的知識發現,潛水、瞬目、趾、爪、羽毛和體型、顏色,都是不可多得的資料收穫。

野鳥觀察筆記

史溫侯

據劉克襄著《台灣鳥類研究開拓史》轉載英國鳥類學家史溫侯 (Robert Swinhoe, 1836～1877),於1858年6月22日在相當於今日的陽明山國家公園一帶,捕獲一隻河鳥科 (Cinclus) 鳥類。1862年發現並記錄了藍腹鷴,學名Lophura swinhoii 就是以史氏命名。

◎ 在離島拍攝的紅燕鷗看似安詳溫馴，其實面對攝影者，充滿了不安和警戒。

鷗科

野鳥帶來的訊息

「漢天子在上林苑狩獵的時候，無意間射中了一隻雁，雁的腳上繫有蘇武的信，證明蘇武還活在人間…」，這是漢朝使者為了拯救蘇武，對匈奴王編的一個故事。所謂「魚雁傳書」，雖然是文學家的想法，卻說明了古代的人也懂得利用南北往返的候鳥千里寄情。

我在澎湖望安鄉的一個無人荒島上拍照，發現一隻帶著腳環的紅燕鷗，腳環是鳥類研究者作「鳥類繫放」所留下來的記號。

各國研究人員在不同的地區長時間捕捉野鳥，詳細登錄時間、地點、身長、體重等資料，繫上有編號的腳環後再放飛，叫做「繫放」。當繫放鳥再一次被捕捉到的時侯，可能已經是數年後在千里外的另一個國度裡了。野鳥的資料將會藉著通報管道互相交換，這樣長期累積的資訊經過拼湊、統計、分析，就可以勾勒出野鳥的習性和遷徙的路線。放回天空的鳥兒，再次被捉到的機會真是微乎其微，大部分是渺無音訊。科技昌明的今天，鳥類研究工作還得使用古老的方法，這不禁讓我想到一句話：「把許多不科學的方法集合起來，就是最科學的方法。」

這一隻帶腳環的紅燕鷗和牠的同伴們並沒有什麼不同，照常築巢孵蛋。但是我知道荒島以外，在世界上的某個地方，有一個痴心的鳥迷，有一份還不完整的鳥類研究報告，正等待著這隻紅燕鷗的消息。我不是研究人員，無法捕捉這隻紅燕鷗，只能把沖出來的幻燈片、拍攝時間、地點提供給野鳥學會，希望對他們的研究有所幫助。

75

◎ 小燕鷗選擇在海邊空曠的新生地築巢，是早熟性的鳥類。雛鳥破殼後馬上離巢躲避敵害。

會移動的芒草

　　小燕鷗的巢築在一大片海埔新生地的中央，附近除了沙、礫石雜草和卡車輾過的痕跡之外，一片空曠，沒有任何可以讓我躲藏的遮蔽物。為了要靠近拍攝牠們孵卵的情形，又不致會干擾的情況下，我挖空心思，決定使用印地安人的「偽裝潛行術」。先在遠處卡車便道旁蒐集了許多五節芒和蘆葦，裝置成一個中空的草叢，看起來就像長在沙地上的一叢芒草。我躲在裡面，扛著「草叢」一步一步慢慢往目的地移去。小燕鷗不疑有他，若無其事的照常蹲在巢中孵蛋。達成任務之後，也用同樣的方法退回原地。

◎ 小燕鷗。

　　等我轉身從草叢裡鑽出來時不禁嚇了一大跳，在我拍照的時候，後面便道上竟然聚集了五、六輛砂石車。原來，有一個司機發現一堆「會移動的芒草」，於是用無線電召來了同伴，大家正在議論紛紛，不料草堆又慢慢向他們靠近，竟然從裡面鑽出一個人來。

　　大家坐下來聊天，巨無霸的砂石車給人粗魯莽撞的印象，只因工程需要，天天往來在這片海埔地上橫來直往。當他們知道在這一片不毛之地裡，正孕育著許多嬌小而脆弱的小燕鷗時，司機們彼此互相約定，從今以後在海埔地上絕不超出道路行車，以免傷害了無辜的生命。

◎ 紅嘴鷗。

野鳥觀察筆記

海埔新生地

受到海降陸升或是河、海、陸地的搬運、堆積作用,在海邊形成新的陸地,稱為海埔新生地。新生成的土地含鹽分,多半長滿了海岸先驅植物,不適合耕種,是雲雀、小燕鷗、棕三趾鶉、環頸雉喜歡棲息的環境。

◎ 白眉燕鷗。

◎ 白眉燕鷗是鷗科鳥類，生活在海邊，白眉燕鷗善飛行，偶爾停在海中礁石上休息。

◎ 白眉燕鷗。

◎ 冬天沿海的海港、漁港常常聚集大群黑尾鷗撿拾水面上漂浮的食物。

野鳥觀察筆記

外來種鳥類

境外動植物品種用非自然方式移入，並且已經在本土成功繁殖者稱外來種。理論上，我們應該排斥並且防止外來種入侵本土，好像福壽螺和蔓澤蘭造成的農業損失、馴舌的泰國八哥讓人看不順眼……等。不過，為害者固然有之，受益者卻從不願意張揚。我們每天吃的蔬菜水果、雞鴨牛羊、魚蝦螺貝；每天看到的路樹盆栽、奇花異草，生活中多的是外來種。有的已經馴化，有的還面目可憎。不論合法？非法？我們似乎只在乎可不可用？好不好吃？好不好看而已？「外來種」相對的意義是「隔絕」與「封閉」，我們深知無法杜絕外來種的入侵，當然也不能加速合法、非法的引進。如果讓一切順其自然呢？

◎ 黑翅椋鳥。

◎ 黑尾鷗。

◎ 黑尾鷗。

◎ 黑尾鷗亞成鳥。

◎ 黑尾鷗亞成鳥。

◎ 蒼燕鷗。

◎ 紅嘴鷗。

鶲亞科

黃腹琉璃

　　鮮黃色腹部、琉璃色的頭、背部，黃腹琉璃顧名思義以顏色做為名號稱呼，想當然是具有足以令人驚豔的色彩。中海拔闊、針葉混合林中，看到一隻黃腹琉璃鳥，就好像拾獲珍寶一樣，吸引著攝影者無怨無悔扛著相機四處追逐。那鮮豔的鳥，像是人們心中嚮往的虛榮一般，在眼前誘惑賣弄，勾起了慾望之後，忽然又一溜煙消失無蹤。甫當心境歸於寂然的時候，又作弄人似的出現眼前。

　　黃腹琉璃的雄鳥，身披鮮豔的羽色，在山林郊野中格外引人注目，使牠成為月曆、海報印刷的要角，也是攝影者極欲捕捉拍攝的對象。一般攝影盲目追求彩度，彩度矇蔽自然純美的人心，人心崇尚華麗視覺的粗俗美感，野鳥攝影似乎也嗅得到虛榮的脂粉味。猛一回頭，一隻羽毛顏色

◎ 黃腹琉璃（雌）。

像麻雀一樣樸素的黃腹琉璃雌鳥，就停在身旁的樹枝上無人聞問。雌鳥專注著四周環境，時而回眸望著不遠處兩隻亞成鳥。調和的羽毛色彩同樣煥發著生命榮耀的光澤，同樣值得感光顯影，用來展示自然而平凡的生命。

　　鶲亞科鳥類有一個綽號叫做「飛蟲捕手」，是根據牠們捕食的習性而得名。通常佇立在林間空地的邊緣上四處張望，看到過往的飛蟲

◎ 大風科的山桐子，紅色果實累累，是黃腹琉璃喜歡吃的食物。山桐子成熟時，不但吸引各種野鳥前來覓食，
　 而且也是賞鳥人攝影的焦點。

◎ 紅尾鶲是夏候鳥，喜歡棲息在山區樹枝上，以捕食飛蟲為生。

蚊蚋，以優美迅速的飛行姿態，繞個圈子捕捉食物，再一次回到原來停棲點。瞭解野鳥的習性之後，預想牠們停佇地點靜靜等候，不一會兒，有著琉璃般彩豔的野鳥，翩翩然出現在鏡頭裡。原來，遙不可及的慾望，也是可以經由設計、規劃，然後輕易獲取的。

野鳥觀察筆記

飛羽

在鳥類的羽翼及尾部上，實際具有撥風作用，能夠形成飛翔面。控制鳥類飛行方向的羽毛稱為飛羽，長在掌骨、指骨上，相當於手部者稱為初級飛羽；著生於尺骨，相當於臂部者稱為次級飛羽；長在肱部，相當於肘部者稱為三級飛羽，不過只有大型善飛的鳥類才有三級飛羽；長在尾部者稱為尾羽。一般鳥類最外緣的初級飛羽很小且不明顯，又叫小指羽。最內側的數枚次級飛羽顏色和形狀大小明顯不同，常被誤認為三級飛羽。

◎ 黃腹琉璃。

◎ 偏僻海邊沙灘上文靜害羞的東方環頸鴴，善於偽裝。成鳥、卵、幼鳥都具有環境色彩，很成功的被自然環境保護著。

 鴴科

海灘的故事

　　東方環頸鴴產卵的地方其實說不上是一個窩，只要在海邊充滿雜物和卵石的沙地上隨處一蹲，再撿幾粒小石子放在四周，就可以產卵了。蛋殼的花色就像附近的石頭一樣，東方環頸鴴深知「到樹林裡去隱藏一片樹葉」的道理。幾粒和石頭一模一樣的蛋和沙灘的卵石放在一起，是不會特別引人注意的。在繁殖季節裡，看似安靜的海邊沙灘上，其實是充滿了生機，有許多小生命正在那裡孕育著。

　　一隻黃色的野狗沿著海邊在沙灘上走著，沙灘上鋪滿了人類的廢棄物，牠沒有目的的東翻翻、西聞聞，忽然看見一隻受傷的鳥兒，拖著尾巴，拍著翅膀一跛一跛的看起來非常狼狽。野狗朝著受傷的鳥兒追去，受傷的鳥兒更加著急，一面跌跌撞撞的逃跑、一面驚恐的叫著。眼看可憐的鳥兒就要被抓到了，忽然牠飛了起來，野狗撲了一個空。「怎麼會這樣呢？」牠心想：「煮熟的鴨子也會飛？」只好悻悻然的離開沙灘地。

　　我在遠處用望遠鏡觀看東方環鴴誘敵的策略成功。受傷的鳥兒把野狗引開以後，在天空繞了一圈，又回到牠在沙灘上那毫不起眼的窩裡，好端端的繼續孵牠的蛋。原來受傷是表演出來的，這種行為就叫作「擬傷」，也就是：當有敵人接近自己的巢的時候，親鳥會假裝受傷，用自己的身體引誘敵人離開。人類的父母會用任何方法保護自己的小孩；在荒涼的海邊，這種嬌小無助的鳥兒，母愛的情操和人類相比絕不遜色。

◎ 小辮鴴身上有綠色金屬光澤，不過當牠們蹲踞在田裡一動也不動時，卻是相當好的保護色。

辮子鳥

「美人天上落，龍寨始映春。」

多年前一位風水師父來到了圳尾村，認為這裡是一個「朱雀」的
地理，他引用唐詩下了一道籤言，暗喻著圳尾村美好的未來。可是
這個被世人遺忘的村莊地處偏遠海邊，人口嚴重外流，也沒有工廠
願意設立在這個交通不便的地方，怎麼也不像一般人眼中可以興旺
的風水地理？美人在哪裡？春天在哪裡呢？幾個賦閒的老農每天聚
在西瓜田工寮裡，無精打采的看著日漸增多的賞鳥人。

最近幾年，休耕的西瓜田裡飛來了許多候鳥，更有一群約40多隻
的小辮行鳥在這裡度冬，許多鳥迷聞風而至。田間的小路上，有人
靜靜的觀察，有人專心攝影或繪圖，也有義工熱心的解說。倒是西
瓜寮裡的老農們覺得奇怪：

「鳥仔有什麼好看呢？」

其中一位湊過頭來，從我的鏡頭裡看到了
小辮鴴。

◎ 小辮鴴。

「哇！好近哦！好漂亮哦！」他近一步追問
著：「這是什麼鳥？為什麼頭上有一根辮子呢？」

老農夫一輩子都在自己的田裡工作，卻從來不知
道在他的身旁竟有這麼美麗的動物，連忙呼朋引
伴，大家都來觀賞。其中一位若有所思的大叫：「美
人！這就是天上降下來的美人！」原來籤詩中的美人是指
天上的小鳥，而賞鳥的風氣好像春天一樣，給蕭條的村莊帶來蓬勃

95

◎ 高蹺鴴一雙紅色的長腳特別引人注意。雖然被列為過境鳥，但是，最近台灣各地都有繁殖的紀錄。

的朝氣。

　「朱雀」的地理風水姑妄聽之。圳尾村雖然人口愈來愈少，但這裡沒有工業污染、沒有垃圾、噪音和空氣污染，也沒有交通問題。

　　美麗的鳥兒願意停駐的地方，當然是好風好水的好地方。

◎ 灰斑行鳥。

野鳥觀察筆記

擬傷

　鳥類擬傷的行為說明弱小動物，為了保護下一代的安全，發揮最大智慧並且身體力行的可貴情操。擬傷的情況通常發生在鳥巢遭到威脅時，親鳥飛到敵人面前，假裝是一隻受傷的鳥。引起注意後，一面跛著腳一面拍著翅膀，跌跌撞撞誘使敵人轉移目標，遠離鳥巢。演技逼真叫人嘆為觀止。

◎ 攝影者闖入了高蹺鴴繁殖的領域，護子心切的親鳥低空巡弋警戒，並不時威嚇入侵者。看似優雅的攝影作品，背後往往隱藏著脅迫的暴力行為。

野鳥觀察筆記

◎ 金斑鴴。

候鳥　冬候鳥　夏候鳥　過境鳥

隨著季節氣候變化，南北遷移的鳥類稱為候鳥。其中，秋天來、翌年春天離去的叫做冬候鳥；春天來、秋天離去的叫做夏候鳥。南北遷移中只在台灣過境稍事停留的叫做過境鳥。台灣的地理緯度適中，是地球北境的南方，也是地球南境的北方。候鳥南來北往的情形比較複雜，以北方人習慣稱為候鳥的燕子來說，台灣有7種燕科鳥類，其中5種是留鳥，一年四季都可以看到燕子。所以如果在台灣有人說：「春天來了，燕子也來了！」那就是睜著眼睛說瞎話。

◎ 高蹺鴴亞成鳥。

◎ 高蹺鴴。

◎ 燕鴴是夏候鳥，台灣本島並不多見，常見於澎湖以及附近的離島。

野鳥觀察筆記

飾羽 冠羽

台灣常見的鷺科、朱鷺科或少數雁鴨科中的成鳥，每當羽毛由
冬羽轉換成夏羽時，會多餘的長出一些細長的羽毛，多半在後
頭部，也有長在前頸部或背部，既累贅又沒有實質作用。推測
可能是準備在繁殖期做裝飾用。以人類的眼光觀之，後頭掛著
兩根羽毛，隨風擺動，既飄逸又瀟灑，可見外表的虛榮不是人
類所獨有的。

冠羽同樣是鳥類後頭部較長的羽毛，是經常性的羽毛，形成鳥
類外型的特徵。鳥類的冠羽顯然有不同的作用，有的用來裝
飾，如孔雀、冠鶴，有的用
來威嚇、警戒，如戴勝、大
冠鷲。

◎ 黑冠麻鷺有明顯的冠羽。

◎ 小白鷺成鳥的頭後、前胸都有飾
羽。

◎ 反嘴鴴。

◎ 蒙古鴴。

野鳥觀察筆記

早熟性

鳥類破殼孵化後通常全身無毛，眼睛未開並且孱弱無助，必須待在巢中一段時間接受親鳥哺育。但是有些鳥類如雉科、鷗科…等，牠們的雛鳥孵化後全身已布滿羽毛，並且可以跟隨親鳥離開巢位。這種發育過程的野鳥，稱為早熟性鳥類。

◎ 剛破殼尚未離巢的東方環頸鴴。

◎ 台灣藍鵲是台灣特有種鴉科鳥類。當牠們成群結隊，張開楔形尾羽飛過山谷形成美麗的隊伍，不禁讓人發出驚嘆。

鴉科

長尾山娘

　　大屯自然公園裡有一群台灣藍鵲，在靠近湖邊的一棵琉球松上築巢。每天吸引許多攝影家帶著各式各樣的攝影裝備，守在橋上等待藍鵲出現。清晨五點半，我只帶著望遠鏡和筆記本，找到一處視野良好，可以俯瞰整個公園的高處坐下來，準備長期觀察台灣藍鵲的習性。

　　在高處俯望公園，藍鵲的一舉一動都被我記錄下來。經過多日的觀察，我發現藍鵲的作息非常固定。牠們每天會飛到對面小山上覓食、在停車場上玩耍追

野鳥觀察筆記

集體育雛

台灣藍鵲的小群體，常常是由一個家族的成員組成。當親鳥再度繁殖的時候，家族的其他成員會幫忙餵食並照顧雛鳥。以人類的社會行為標準來說，就好像是兄弟姊妹們會幫忙照顧年幼的弟妹一樣。除了台灣藍鵲之外，據說群棲性極強的冠羽畫眉也有集體育雛的行為。

◎ 台灣藍鵲。

◎ 台灣藍鵲是雜食性鳥類,青蛙、蟾蜍、昆蟲、小蛇,什麼都吃。有時候,同類的雛鳥也會遭到毒手。

逐、在山坡下尋找紅楠的果實、到小池塘裡洗澡…，我也注意到藍鵲會攻擊靠近牠的人，假日遊客多的時候，會成群飛到後山草坪上活動。根據這些資料，我做了一個藍鵲活動的功課表，依照早晨、中午、晚上、晴天、陰天、雨天、藍鵲的食物、遊客的多寡，做簡單的分類、統計和歸納。

「是拍照的時候了。」大約1個月後，我照表的指示，充分掌握藍鵲的行蹤，事先前往埋伏守候。在不影響鳥兒的情況下，順利捕捉到藍鵲優美的身影。

一幀精采的生態作品雖然十分難得，但是我看到許多人用極不自然的方法靠近鳥巢，或使用誘餌、或辛苦的扛著相機到處追逐，如果因此達到目的，卻干擾、破壞野鳥生態，是十分不值得的。我們闖入了鳥類的生活領域從事攝影工作，永遠要遵守一個原則：

「鳥類是主人，人類是客人。」

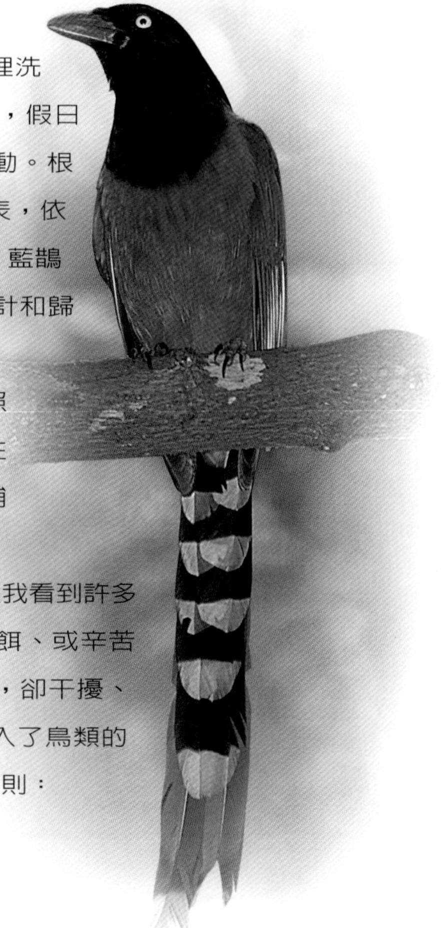

◎ 台灣藍鵲。

107

◎ 樹鵲的喙既尖銳又有力，能輕易的敲開堅果的外殼。農人種植的高粱，當然就成為牠們的珍饈美饌了。

樹鵲大軍

聽說公園裡有一大群長尾鳥出沒，我猜應該就是樹鵲。今天果然被我遇上了，令我驚訝的是：一大群竟然有三十幾隻之數。

公園裡偶爾見過紅嘴黑鵯及五色鳥成群棲息在同一棵樹上的異常現象，不過像這樣來勢洶洶的樹鵲兵團，吱吱嘎嘎的到處宣示領域，所過之處頗有大軍壓境之勢，也像一張大網，罩住公園頂層，一些蝶、蛾、蟬、蜂，甚至倒楣的攀蜥和青蛇，都不能避免的遭到掃蕩；連地面上人們丟棄的肉皮、麵包屑也不放過；就連紫嘯鶇和松鼠也遭到池魚之殃。樹鵲鳥多勢衆，呼應聲援此起彼落，紫嘯鶇雖然兇悍，但是勢單力薄也只有挨打的分。樹鵲們仗著精湛的飛行技術，往來穿梭於公園的樹枝之間，無視於我的存在。

公園本來是一個台灣藍鵲家族的地盤，5、6隻成群結隊占有整個公園。藍鵲體型碩大、性兇猛，尤其是繁殖期間，過往人畜常常遭到牠們攻擊。可是今天的藍鵲居然噤若寒蟬，混在隊伍裡，感覺有些卑躬屈節，頗受委曲的樣子。

野鳥觀察筆記

長焦距鏡頭

野鳥常與生人保持一段安全距離，攝影時必須使用長焦距的鏡頭，也就是一般常說的望遠鏡頭。通常選用直射式400mm～800mm，f 5.6以上較大光圈的望遠鏡頭。

◎ 台北市植物園裡的樹鵲已經懂得跟隨在人群相近，期待遊客餵食。

◎ 星鴉。

◎ 星鴉。

◎ 金門的玉頸鴉。

◎ 磯鷸是候鳥的先鋒部隊。在海邊、河口看到磯鷸，聽到牠的聲音，我們可以說：「秋天來了」！

李寅的傳說

　　和往常一樣，在兩條河流會合的三角洲上，出現了一批左腳受傷的磯鷸。難道真的像附近村民的傳說，李寅的靈魂化成鳥兒回來保護村民了？

　　這個傳說是這樣的：百年前戰爭不斷，有一位叫李寅的將軍，率領一群士兵鎮守在河岸的渡船頭。由於寡不敵眾，被敵人一路追趕。李寅左腿中箭受傷，一跛一跛的走到沙洲盡頭，前有大河、後有追兵，他已經無路可退。只見他爬上一塊岩石，然後縱身跳下，希望在最後關頭，天神能賜給他一對會飛的翅膀。隨行的士兵也砍傷自己的左腿，紛紛從岩石上跳下來。不久，沙洲上出現一批瘸著左腳的水鳥，騎馬似的上下擺動身體，並沿著潮間帶巡行。村人都說是李寅帶著他的士兵回來了。

　　我順著河岸往上游走去，看到一處雞鴨的屠宰場，發臭的內臟和羽毛漂浮在沿岸的水面上，招來許多蒼蠅和蚊子。我也注意到：潮間帶的沼澤區裡躲著許多青蛙，正在等待機會捕捉蚊蟲。「有青蛙的地方一定有…」

　　我記起了小時候釣青蛙的經驗，不禁恍然大悟。為了證實這種想法，我穿上了長筒雨靴，假裝自己是一隻磯鷸，受到蚊蟲的吸引，一路沿著沙洲邊緣的潮間帶往屠宰場方向走去。右邊是河水，左邊是草叢，我學磯鷸像騎馬似的上下搖擺著身體，驚起一些青蛙和蚊蟲，一路上特別注意左邊草叢裡窸窸窣窣的聲音。

　　「是蛇！」

◎ 磯鷸平時單獨在海岸河口覓食，行走時頭尾上下擺動，好像騎馬的姿勢一樣。

我興奮的大叫起來。河岸的草叢裡埋伏著許多伺機捕捉青蛙的蛇。如果我是一隻磯鷸，這時候不就正好被蛇咬傷我的左腳了嗎？

野鳥觀察筆記

漲退潮

河口、海邊一天兩次的漲潮、退潮，是許多野鳥行為的依據。退潮時，潮間帶露出來的蝦、貝類或漲潮時帶來的魚群，決定鳥類覓食與休息時間。賞鳥者應該瞭解當地的漲退潮時間，才能掌握野鳥作息狀況。

沼澤區

台灣的沼澤區多半人煙罕至，不但藏污納垢，而且污水、廢水、垃圾紛至沓來。雖然是人們環境中的毒瘤惡地，卻也是工廠、養殖業者垂涎的開發天堂。沼澤區裡水、草、食物充沛，是眾多野鳥喜歡棲息的樂園。其間污染對於生態的影響，頗值得我們深思。

潮間帶

海岸河口地形在滿潮線與低潮線之間形成的乾溼地稱為潮間帶。潮間帶若為泥灘地，間歇性潮水養成豐富的生態生物相，是鷺科、鷸鴴科、雁鴨科……的棲息環境。

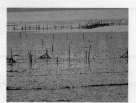

◎ 黑尾鷸是過境的大型鷸科候鳥，可遇而不可求。

得來全不費功夫

本來只是到沼澤區我攝影的領地作例行的巡視。沼澤區裡有一個廢棄的大魚池，因為沒有人管理，也沒有進水，所以逐年乾涸，只剩魚池的中央，還有一些淺淺的池水，正是鷸科野鳥最喜歡棲息的環境。

我看到一個鳥類攝影的同好，正吃力的從對岸蘆葦叢的泥濘地裡往魚池中央爬行，那是老K，鳥類攝影界裡的拼命三郎。看到他雙腳陷在軟泥裡滿身污跡，扛著張牙舞爪的攝影裝備，舉步唯艱，亦步亦趨。身後的泥濘地上，留下長長的爬行痕跡，可想而知，拼命三郎的封號絕非浪得虛名。

鳥類攝影者想盡辦法獵取珍貴鏡頭自是無可厚非，有誰會輕易放棄難得的機會獵取珍貴鏡頭？換做是我，或許也會如此痴痴的等吧！我只想知道，是什麼目標值得老K如此賣命？我拿起望遠鏡，順著地上爬行痕跡的指向搜尋。在魚池中央，一群鷸科野鳥正忙碌的各自覓食，赫然看到一隻不一樣的大鳥，站在牠們中間，正警戒中。我搜尋一下腦中建立的野鳥圖鑑：鷸科、大體型、腳長嘴也長，並且向下彎曲，特別是有黑色尖尖的尾羽，那是一隻罕見的黑尾鷸。難怪值得老K這麼大的動作。

台灣北部沼澤區，常有迷鳥駐足或過境，也常讓賞鳥的朋友帶來意想不到的「豔遇」。

眼巴巴望著老K慢慢逼進大鳥的對焦距離，我只能在彼岸靜靜的安裝好相機，等著拍攝其他野鳥。說也奇怪，那大鳥感覺到人的威脅

◎ 黦鷸和大杓鷸很難分辨，只有在飛行時才能看出一些差異。

慢慢逼進，竟然朝我的方向走來，我屏住氣息不敢稍有大動作。距離20米…15米…，甚至10米，清楚的看到了長嘴先端也是黑色的，證實黑尾鷸前後俱黑的特徵。真是得來全不費功夫，輕輕鬆鬆捕捉到難得的鏡頭。老K十分沮喪，也不打個招呼，逕自收拾裝備走了。

　　野鳥行為難以用人類的道理加以度量。有些人對於野鳥一知半解，卻奢言保護，不但制約許多賞鳥規則，劃定保護區讓野鳥棲息。可是野鳥並不領情，愛之適以害之而不自知。

◎ 濱鷸。

◎ 濱鷸在河口上空群集飛翔。用長鏡頭攝影，好像一粒粒長著翅膀的小球。

◎ 姥鷸。

◎ 青足鷸和小青足鷸，僅嘴型有些微差異，很難分辨。

別說再見

　　青足鷸和小青足鷸如何區別？就像小白鷺和大白鷺如何區別一樣。大的大一點、小的小一點、腳粗一點、腿短一點、嘴型向上彎一點…，都是分類上必須計較的特徵，真是苦煞了初學賞鳥的人。尤其是想從一群青足鷸當中辨認出一兩隻小青足鷸，可不是一件簡單的事！執著的賞鳥者，或許為了建立辨識鳥種的權威，捧著野鳥圖鑑，日名、英名、學名統統出籠，凡事錙銖必較，爭得面紅耳赤，有時候還真要嗔怪分類學者的多事，硬要在些微演化的變異上明察秋毫，何故非得斷個涇渭分明不可？

　　青足鷸並不在乎大小的問題，偏偏牠們又常常混群。大約每年9月底10月初就飛抵台灣，屬於候鳥的先驅部隊。通常小群在河口、沼澤、池塘棲息，間或摻雜一些大小的族群。我最早記錄青足鷸始於15年前，15年的時間，台灣環境變遷豈止是河東、河西而已。記憶中，從荒地、沼澤、魚池、垃圾山、工業區、到現在的河濱公園，誰知道明年會是什麼樣的景觀？可是，不論環境怎麼改變，總有一群青足鷸，悠悠揚揚的進出我的鏡頭裡外。

　　我無法得知10年來，在我拍攝野鳥領地上出現的青足鷸，是否為一脈相傳的族群？站在業餘觀察者的立場，我無需像科學家一樣鉅細靡遺的追根究底。就像我不太在乎大、小青足鷸怎麼分辨一樣。對我而言，那只是一群秋天來、春天去、漲潮休息、退潮覓食，與我每年有約的「信鳥」。

◎ 小青足鷸。

◎ 鷹斑鷸也是候鳥的先鋒部隊。約9月初飛抵台灣，翌年6、7月才離開。

今年的青足鷸群有17隻，偶爾離散；偶爾聚合。不過，總是在漲滿潮的時候飛進半乾的魚池裡休息。我觀察其中一隻跛足的青足鷸已有3年，這一隻瘸鳥對環境動態特別敏感，只要附近一有人聲動靜，馬上從休息的姿勢轉為警戒狀態。所幸，魚池不是河濱公園規劃的重點景觀，很少有人駐足觀賞一個廢棄的魚池，青足鷸才得以在人們的疏忽下安身立命。

鳥類攝影工作十分隱密，卻意外的發現魚池旁邊隱密的草叢中，竟然有無數個排放廢水的暗管出口，噴氣聲音此起彼落。原來河濱公園的另一邊就是新興的工業區，工廠開工期間污水、廢氣隔著馬路，都流進魚池裡了。

「4月17日，漲潮，天氣炎熱。黃尾鴝走了，青足鷸也告別了…」

◎鶴鷸。

我在筆記本寫上今年最後一筆青足鷸的紀錄時，沈重的寫著：

「別說再見，青足鷸，不要回來了！」

野鳥觀察筆記

地理界線

地理分布的極限或範圍線，可能是高山、河流、森林或海洋。不過，若是以台灣特有種鳥頭翁的地理分布來看，恐怕就無法用地理界線來解釋鳥種的地理分布，反而提供文學創作者更大的想像空間。

◎ 大杓鷸的嘴形長而且向下，向內彎曲是牠的特徵。

消失的地平線

　　傳說大西洋和太平洋海底有古文明的遺跡，因為一次地殼運動，終致毀天滅地，所有人類文明、生物生態隨著大陸沈淪。空讓想像家對著深邃的海洋底下，產生無限的遐想與憧憬。

　　陸升海降一直是在我們海島國上常被討論的話題。最近，台灣西部沿海因為抽取地下水做為魚塭養殖，導致地層下陷，較嚴重的區域，每年竟然損失4公分的海拔高度。

　　我在彰化海濱尋找大杓鷸的蹤跡，聽說這裡每年都有二百來隻的大杓鷸棲息度冬，群起群飛的規模場面相當可觀。我找到了「肉粽角」的地標，卻沒有半隻大杓鷸的蹤影。聽說要漲潮時候，大杓鷸

野鳥觀察筆記

迷鳥

因氣候或生理因素，飛行時遠離遷徙路線，滯留在陌生地區的候鳥。

曾有東方白鸛數隻迷留關渡平原，並試圖配對繁殖。可惜未獲「飛航管制」的許可，據說遭到獵殺。

◎ 集體飛翔的大杓鷸。

◎ 鷹斑鷸。

才會飛進來。如何「進來」呢？我耐心等候著，不久，海面天空果然出現了飛鳥，從遙遠的海平面飛來，先是一隻又一隻，接著一群又一群。大杓鷸先在海岸上盤旋一會兒，慢慢降落在「肉粽角」海灣的泥灘裡。

原來，台灣西部退潮時，外海有淺灘露出海面，形成小小的陸地，是大杓鷸主要的棲地；漲潮時，大杓鷸王國漸漸陸沉，腳底下原本踏實的世界逐漸淹沒，終於消失。所幸大杓鷸有著每天兩次海降陸升的輪迴可以期待，還有優良進化的翅翼可供遷移，人類要怎麼辦呢？

◎ 尖尾鷸。

◎ 中杓鷸。

◎ 尖尾鷸。

◎ 赤足鷸。

野鳥觀察筆記

尾羽

鳥類的尾羽主要用來輔助飛行和控制方向，也有的種類用來裝飾、炫耀、卻敵。在鳥類的分類辨識上，尾羽種類大致可分為 8 種不同類型：

8 種類型的外型差異相當大，是我們在野外賞鳥用來辨識鳥種時的重要依據。尾羽的數量通常是10-12的偶數，呈左右對稱，上下各有覆羽保護。

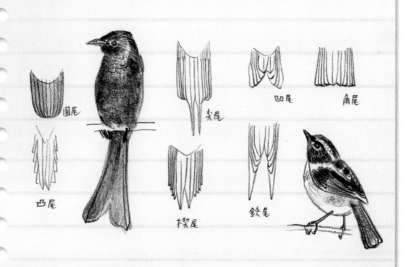

◎ 棕背伯勞是台灣特有亞種。平原郊野、海邊、空地都有牠的蹤跡。　　◎ 紅尾伯勞是候鳥，秋冬時大量遷移至台灣。

非梧不棲

　　紅尾伯勞的缺點就是牠的固執。古人說:「鳳兮,鳳兮,非梧不棲。」鳳的固執保有了牠尊貴的身分,然而伯勞的固執卻換來生命之憂,未免太不值得了。

　　伯勞鳥每年從北方飛來台灣,並且在恆春和滿州一帶的草原上大量集結。牠們只喜歡停棲在裸露禿枝上覓食的習慣被人類洞悉之後,人類就發明一種竹製的繩套吊仔,叫做「鳥仔踏」,到處插在空地上用來捕捉伯勞。固執的伯勞「非禿枝不棲」,於是紛紛踏上陷阱,成為路邊的「烤小鳥」。

野鳥觀察筆記

鳥仔踏

是傳統民間捕鳥的陷阱工具,由竹枝、樹枝、細繩組成,曾經是台灣南部大量捕捉伯勞的殺手利器。

平心而論,這種簡易獵具的機械原理,確實頗具科學意義和使用效率。可惜時空轉變,恐怕連鄉土博物館都不願陳列展示了呢!

◎ 停在樹枝上的紅尾伯勞，側目俯視草叢裡的蟲族。

　　一隻特立獨行的伯勞鳥連過五關，意思就是連續五年沒有踩到「鳥仔踏」，毫髮無傷的飛越南台灣，這是伯勞鳥中難得的殊榮。問起牠有什麼特別的方法？

　　「遇窮則變，擇善而不固執，如此而已！」

　　牠的語氣十分老成，然後進一步解釋：

　　「如果禿枝上具有潛在的危險，那麼我們可以停在石頭上、樹葉上，或者像小雲雀一樣，在草地上捕捉昆蟲。傳統的覓食方法並不是不能改變的，何必抱一守成然後自取滅亡呢？」

　　接著牠表演烏鶖的「急速翻滾」和紅隼的「空中定點掃描」，同樣可以捕捉到許多小蟲子。可是，伯勞們大多嗤之以鼻。和人類的社會一樣，勇於創新的改革者或異議者多半是孤獨的。

野鳥觀察筆記

託卵

杜鵑科鳥類對於自己產下的卵，別具投機與邪惡的用心。牠們將孵卵和養育雛鳥的任務託附給其他野鳥，自己落得輕鬆。剛孵出來、眼光尚未明亮的雛鳥，會本能的排斥巢中其他鳥卵，並且身懷凶器，咬殺寄宿主的雛鳥。這種行為的演化養成，的確充滿了不可思議的心機，也說明了自然界並不會依循人性所期待的善良面演化。

◎ 白頭翁是我們常見的野鳥，不論城市、鄉村、平原、丘陵都看得到牠的身影，聽得到牠的聲音。

鵯科

黑白戰爭

　　很久以前，有一場戰爭瓜分了台灣的版圖，白頭翁略擅勝場，占領了中央山脈以西、花蓮、楓港以北的大部分西北方；烏頭翁則退守剩餘的東南半部。

　　至於為什麼會發生戰爭呢？我們只能推想大概是為了儀容吧！烏頭翁和白頭翁不論聲音、體型和生活習性都相同，只是頭部黑白分布的位置不同而已；就像戲劇臉譜中的大花臉一樣，圖樣不同僅代表不同的角色。白頭翁的頭上有一撮白毛，而烏頭翁則滿頭黑髮，牠們為了頭頂上的黑白問題竟然鬧得水火不容，終於引發了戰爭，從此各自擁有自己的領土和天空，不相往來。

◎ 白頭翁。

　　聽說遙遠的非洲也有類似的戰爭，一群「黑白族」和另一群「白黑族」的斑馬因為名稱稍有不同而大打出手。所有的斑馬不都是黑白分明的嗎？哪有因為名稱不同就非得兵戎相見？

　　天下本無事，庸人自擾之。如果我們覺得黑白戰爭是愚不可及的行為，那麼身為人類就得深深自省了。看看人類的歷史：為了種族、領土、主權，甚至為了香料和鴉片，打得屍橫遍野、血流成河的例子比比皆是，人類想要戰爭還怕找不到藉口嗎？相較之下，黑白儀容之戰顯得單純而可愛多了。

◎ 和白頭翁食性、習性都一樣的烏頭翁，為什麼局限在台灣東南方一隅，實在令人費解？

◎ 白環鸚嘴鵯。

野鳥觀察筆記

生態分布

鳥類因為自己的生理特徵，加上氣候、環境、高度的外在因素，不同鳥種選擇適合自己生態習性的棲地分布，例如雉科、畫眉科、啄花鳥科，分別在中海拔森林的底層、中層、高層裡，擁有各自的生活領域互不干擾與重疊。

◎ 紅耳鵯是野鳥圖鑑上找不到的鵯科鳥類，應該是境外移入的外來野鳥。

放生，放生

有一次在關渡平原驚鴻一瞥的看到一隻不一樣的鳥，和白頭翁混在一起。

「頭頂尖尖的，眼的後方有一塊紅斑，尾下覆羽也是紅色的⋯。」

我畫出牠的特徵，到處問賞鳥的朋友，那是什麼鳥？賞鳥專家們總是對我笑笑，他們認為台灣沒有這種鳥，一定是我眼花看錯了。

我拿了相機，在有白頭翁出沒的地方埋伏，決心證明這種鳥的存在。幾天下來都沒有收穫，有一天，來了一個尼姑帶著善男信女，提著一個鳥籠，口中祝禱著唸唸有詞。助手們打開鳥籠，放出來全都是我想要拍攝的那種奇怪的鳥。

有了明確的證據，我終於查出這種鳥叫做「紅耳鵯」，是中國南方常見的野鳥，並不屬於台灣所有。因為牠有紅色的彩羽，所以常被人捉來飼養或放生。尼姑說她向鳥店訂購野鳥，每個星期固定到關渡放生，讓禁錮的生命重獲自由，信徒們自認是功德一件呢！

沒多久，我在放生處附近看到一張簡陋的告示：

「慈悲的大師：請看看您眼下的福壽螺、福壽魚和大蝸牛，牠們都是因為被放生，引致台灣農業莫大的浩劫和殺戮，請不要為了您自己的善報而破壞屬於我們大家的自然環境吧！」

◎ 紅嘴黑鵯全身黑色羽毛，嘴和腳鮮紅色，分布低海拔至平地。鳴聲悅耳，聲調變化多端。

野鳥觀察筆記

野放

經過人類豢養或救治的動物、野鳥，標示記號之後放回野地。因為我們對野生動物仍然一知半解，野放雖然出於人類高尚情操，卻也是一廂情願的。就像是電影《侏儸紀公園》造就一些未知的物種復活，可能招致不可收拾的後果。我曾遇見一些愛心朗朗上口的賞鳥客，盡心盡力想要醫治一群受傷的赤腹鷹，將含有葡萄糖的碳酸飲料和高蛋白的牛肉、牛肝紛紛用上。第二天，赤腹鷹死的死、傷的傷，勉強能夠野放的也奄奄一息。不但救不活小小的生命，還要背負妨礙自然的滔天大罪。

放生

放生原是佛家慈悲的具體行為，不過透過金錢交易的放生行為，在捉放買賣的背後一定存在供需的問題。放生已經不再是功德一件了，反而成為村夫愚婦為了祈福解厄，花錢消災的愚蠢行為。

◎ 黃鶺鴒，《詩經》有：「鶺令在原，兄弟急難」之句，鄭玄注：「鶺令，離渠也，飛則鳴；行則搖⋯⋯」，
這是中國古文學對野鳥最生動的描寫。

鶲鶇科

飛則鳴‧行則搖

10月初，關渡平原的農作物一片蕭條。田間的排水溝早已被污染得連福壽螺都難以存活。

我循著鳥叫的聲音，在一塊休耕的蓮藕田裡，發現一大群黃鶺鴒忙碌的在田間鑽來鑽去。殘枝敗葉襯托著鮮活的野鳥，我正慶幸找到了絕佳的攝影題材。突然一個粗暴的聲音在我身邊響起：

「喂！走開，這裡不讓人照相！」

自從關渡平原被劃為水鳥保護區以後，土地開發受到了限制，有些農人因而怪罪「愛鳥人士」，看到有人手拿望遠鏡或照相機一律不表歡迎。我盡力解釋拍照的動機，可是這個滿身是泥、心情不快樂的農夫並不領情。

「要照，到別人的田裡去照！」

這句話提醒了我，同樣是藕田，為什麼隔壁別人的田裡連一隻鳥也沒有呢？原來農夫引用附近養豬場的廢水來肥沃土地，污水浸泡的田地孳生蚊蚋，蚊蚋招引黃鶺鴒，黃鶺鴒引來「愛鳥人士」，不料「愛鳥人士」關心環境，卻招惹了農夫。

農人見我猶豫不走，似乎也領悟出黃鶺鴒聚集在他田裡的原因，只見他走進工寮，拿出噴灑農藥的唧筒，恨恨的在他的田裡灑下殺蟲劑。

我不忍看到結果如何？趕緊離開。一路上想著養豬場、藕田、蚊蚋、鳥、農人與我之間的情結，是非恩怨也許總無定論，只是無言的大地卻又平白的遭受一次農藥的洗禮。

◎ 黃鶺鴒，9月間準時抵達台灣的候鳥。平時散居水邊耕地，遷徙前會大量集結，可能是為了長途飛行以壯聲勢吧！

野鳥觀察筆記

蹼足

趾與趾之間有肉膜相連，形成槳的作用，適合滑水前進。雁鴨科、鷗科鳥類大部分有蹼，依功能作用又可分全蹼足、凹蹼足、半蹼足、蹼足。

瓣足

有些鳥類的趾特化成扁平狀，也是為了方便在水中或泥地行走或水中滑行。

全蹼足

蹼足

凹蹼足

半蹼足

瓣足

野鳥觀察筆記

前趾足

雨燕科鳥類善於飛行，幾乎不在地面行走或枝頭跳躍，通常只攀附懸崖壁面停棲。趾爪細小，呈四趾朝前的模式，稱為「前趾足」。

不等趾足

大部分鳥類的足部模式屬於不等趾足，如麻雀、鷹等，也就是我們熟悉的「三趾朝前、一趾向後」的模式。其中的第一趾也就是姆指向後，其餘第二、三、四趾朝前，而且長短不一。

對趾足

啄木鳥為了方便攀附在直立的樹幹上鑿洞或啄食，腳趾特化成二、三趾朝前方，一、四趾向後方的特殊模式。向後的兩趾與尾羽同時作用，形成支撐身體的工具。

異趾足

異趾足台灣少見，故略。

前趾足

不等趾足

對趾足

◎ 和黃鶺鴒相比，灰鶺鴒體型較修長，比較喜歡在中海拔山區清澈的溪澗流域活動。

◎ 樹鷚。

◎ 白鶺鴒。

野鳥觀察筆記

換羽
大部分的鳥類在秋冬之際進行換羽,將身上舊的、損壞的羽毛褪下,換上新的羽毛。

夏羽 冬羽
夏羽又稱為繁殖羽,多半是色彩豐富而較鮮豔的羽色。冬羽也叫作非繁殖羽。

◎ 金斑鴴換羽中。

◎ 夏羽。

◎ 冬羽。

◎ 大白鷺冬羽和夏羽,嘴的顏色不同。

◎ 大卷尾俗稱「烏鶖」，是台灣農村常見的野鳥。

流氓皇帝

「烏鶖！烏鶖！嘎嘎啾！…」這是一首鄉下流傳十分普遍的台灣童謠，烏鶖就是大卷尾。鄉下的小孩子們雖然人手一支彈弓，也從來不敢瞄準這種黑色的大鳥，主要是因為大卷尾專吃耕地上的害蟲，有益於農作物生長。除此之外，我還注意到烏鶖的另一種個性。

去年入冬的時候，一隻疲憊的紅隼從遙遠的北方飛來，想在關渡平原上的水閘門附近捕捉大蝗蟲充飢。不巧，這裡正是一對大卷尾的領域，一言不合，其中一隻迎向前去，另一隻則呼朋引伴，頓時天空大戰，羽毛紛飛，紅隼寡不敵眾，落荒而逃。

大樓屋頂的公用天線上有一個大卷尾的窩，住戶常常必須上頂樓曬衣服，「如果低頭快速通過頂樓，充其量只會遭到一隻鳥俯衝攻擊，」上樓曬衣服的住戶告訴我：「如果還用手阻擋揮趕，就會變本加厲遭來更多兇猛的攻擊。」

一到大卷尾繁殖期間，大樓住戶都必須頭戴安全帽才敢上頂樓工作。

台灣鄉下還有一句諺語：

「烏鶖做皇帝，厝鳥仔抬腳架。」

大卷尾就像是鄉里的流氓皇帝一樣，個個好鬥成性。平時在領地的樹枝或電線上居高臨下，睥睨人間；偶爾也會騎在牛背上出巡，不但不容許外人覬覦牠們的地盤，還常常以追逐其他鳥類為樂，連住在隔壁，體型較大的喜鵲一族，也不敢稍加得罪這群好戰的黑武士。

◎ 大卷尾，鳥聲結巢在電線或樹枝上，過往的人、畜或其他鳥類都會受到牠的攻擊。

野鳥觀察筆記

腿 跗蹠

股骨以下部分俗稱「腿」，腿以下稱為「跗蹠」，腿上部多為肌肉和羽毛覆蓋，下部乃至於跗蹠則有革質鱗片覆蓋。

腿 →
跗蹠 →
趾 →
距

腿 →
跗蹠 →
趾

◎ 灰頭黑臉鵐（上：雌．下：雄）常在樹林、草叢和空地邊緣活動。

鵐科

灰頭黑臉鵐

　　這種形狀像麻雀一樣的鵐科野鳥，是我在拍攝鳥類過程中，最無法掌握方法、最讓我感到心灰意冷的攝影目標。

　　其實，黑臉鵐並不是稀有罕見的野鳥，並非難得一見，也不具什麼特殊怪異的行為難以掌控。在候鳥季節來臨的時候，只要稍為注意，這種候鳥隨處可以聽見牠的叫聲，可以看見牠的身影就在身邊。當我走在田間小路上，偶爾驚起一些在草地上啄食的黑臉鵐，牠們總是先飛到附近的芒草或樹枝上觀望，等到我架設好相機裝備，又突然消失無蹤。黑臉鵐應該是以草籽、穀類為主要食物，這個季節的禾本科野草結實累累，許多看起來細微而不起眼的草籽遍地皆是，也讓我的攝影工作無法在一處定點守候攝影。最讓人跳腳的是：明明聽到牠們就在附近活動，卻一直看不到身影。

　　這時候，自動測光、對焦的手持長鏡頭，就成了捕捉鳥蹤的最佳利器。野地上手握相機，一邊走著、一邊心裡有所期待，果然黑臉鵐從草地上飛起，停在附近樹枝或芒草上，第一時間內馬上取景、測光、對焦、按下快門一氣呵成。失敗率雖然很高，卻不失為一種野鳥攝影的對策。

　　為了應付各種專業攝影的需要，光學攝影器材日新月異，更新、更長、更快也更昂貴的攝影鏡頭不斷有人購買使用。如果不瞭解野鳥習性，再精良的鏡頭也只能望鳥興嘆了。

◎ 黃喉鵐。

◎ 雲雀俗稱「半天鳥」。繁殖期間喜歡在空曠的郊野，振翅停在空中鳴叫求偶。

百靈科

期待長大

在澎湖外海的無人島上拍攝燕鷗的時候，無意間經過一個築在草地上的鳥巢，驚擾了一隻羽翼已豐，但還不會飛的雲雀。這隻小雲雀從破殼到今天不過三週，從來沒離開過母鳥的視線，也還來不及學習如何應付人類和其他的天敵，卻一心想要離開鳥巢的桎梏。

巢外的草叢就好像是叢林一樣可怕。面對攝影者龐大的身軀逼進，更不知如何是好？只有本能的縮著頭窩在草堆裡，企圖用牠身上的保護色把自己隱藏起來。可是涉世不深的雛鳥缺乏耐性，只躲了一下子就站起來踮直了腳，伸長脖子左顧右盼尋找媽媽，還不時張開大嘴一閉一合，好像在叫「媽媽」似的。在荒島的自由天地上，這般憐弱無助的小乞兒終於體會：禁錮在媽媽的翅翼中，遠比自由來得可貴！母親還是牠生命中最穩當的依靠。

◎ 雲雀幼鳥。

◎ 雲雀。

◎ 即使是被困在鳥籠裡的大冠鷲，依然不減
其威風八面的氣概。

大冠鷲

　　我讀小學的時候，學校裡有一個小小的動物園，是用鐵絲網圍成數個階梯狀的牢籠。籠內的動物依高矮順序是雞、兔、羊、猴，最高的籠裡關著一隻大冠鷲。雖說大冠鷲擁有最寬敞的空間，畢竟也只是一層樓高的牢房而已。每次當我經過的時候，大冠鷲只是安靜的立在籠內樹枝上層的角落裡，注視著來來往往人群的動靜。有時候，受到小朋友的作弄，也會豎起頭上的羽毛，好像戴皇冠一樣，大概就是大冠鷲名稱的由來吧！

　　有天上課時，從動物園方向傳來大冠鷲淒厲的叫聲，伴雜著獼猴叫囂的聲音。原來，頑皮的猴子抓破鐵籠，侵入隔壁大冠鷲的地盤引起騷動。下課後，幾乎引來全校同學圍觀。一隻獼猴躺在地上，受傷的頭部不斷流出鮮血，手腳不停抽搐，顯然已經回天乏術了。由現場觀察，鷹猴大戰並沒有持續太久就已經結束，銳利的鷹爪貫穿猴子的腦殼，獼猴幾無招架的餘地。同學之間長久以來「誰最厲害」的爭議話題終於有了結論。大冠鷲依然蹲踞在籠子裡的角落上，若無其事的看著腳下好奇的人類。

　　最近，野外獼猴的數量增加，農人經營的果園備受威脅。有一次，我在陽明山地區的一處柑橘園裡拍攝野鳥，有一群台灣獼猴偷偷潛入果園。正在大快朵頤的時候，負責守望的公猴忽然發出警戒聲，一時全體猴群如臨大敵，躲的躲、逃的逃。就在這兵荒馬亂之際，不由得抬頭一看，原來樹梢空隙間出現一隻大冠鷲，在遙遠的天際盤旋著，還不時發出「忽悠，忽悠」的聲音。

◎ 山區谷地裡，停在樹枝上的大冠鷲，像是身披黑袍的隱者。

　　隨著人性向善的行情攀升，仁人愛物的情操再度被喚醒，野生動物在台灣繁衍迅速也讓人措手不及。自然界的文明就是野蠻殺戮的兩面；在野外相生相剋、輪迴演替，血淋淋的場面一定是有增無減。如果有一天──鐵定有這麼一天，被我們保護的野生動物，數量、力量再度威脅人類的時候，操控全局的學者、官員們，有沒有什麼對策？

◎ 大冠鷲。

野鳥觀察筆記

俯衝
鳥類縮起翅膀，減少羽翼的飛行面，從高處急速下降。俯衝常是為了快速捕捉食物，如鷲鷹科、鷗科或常見的翠鳥。

◎ 港口上空盤旋的老鷹，忽然一式令人叫絶的鷂子翻身，俯衝至水面上攫取獵物，可惜這等優美的姿態竟只是
為了一截腐敗的雞腸。

◎ 老鷹盤旋。

野鳥觀察筆記

盤旋

鷲鷹科或一些大型鳥類的特殊飛行方式。牠們寬廣的翼面利用空氣中的上升氣流，不需要擺動翅膀就能在空中繞圈飛行。盤旋的目的有時是為了覓食、求偶、尋找降落地點或即將遠行高飛。

◎ 被關在籠中待價而沽的猛禽，眼光仍然炯炯有神。6、7隻赤腹鷹只賣二千元，那是衡量一群愛鳥的觀光客有多少憐憫之心所訂出來的價格！

南路鷹一萬死九千

　　有一年，亦腹鷹與灰面鵟人舉過境墾丁公園，我剛好躬逢其盛。雖然過境的盛況早有聽聞，不過，若非親眼所見實難體會。只見鷹群從近處的社頂公園和遠處的滿州鄉樹林裡起飛，剎那間，遠的、近的、飛的、停的，有的擦身而過、有的高空盤旋，一波循著氣流乘風而去，另一波立體狀的鷹柱又忽焉形成。整個岬角的空域幾乎都是鷹的舞台。

　　「這還只是小Case而已，」

　　國家公園的計數人員蔡先生輕描淡寫的說：

　　「想當年……，」

◎ 赤腹鷹亞成鳥。

　　不錯，據當地耆老回憶：

　　「想當年，只要在芒草叢撒網，一次就可以捕捉十來隻鷹。」

　　北部觀音山的老農也向我述說從前：

　　「傍晚，停滿了附近樹林。到了半夜，院子裡的枯木承受不了重量，竟然都垮了下來…。」

　　《台灣通史》記載：

　　「每年清明有鷹成群，自南而北，至大甲溪畔鐵砧山，聚哭極哀，彰化人謂南路鷹」。

　　中部彰化的俗諺：

　　「南路鷹一萬死九千」

◎ 相較於人間紛紛擾擾、地表錯綜複雜，一隻頂著藍天，振翅高飛的紅隼，顯得格外清高與脫俗。

南路鷹就是灰面鵟，數量較南路鷹還多的赤腹鷹，折損率應該更是難以估計。

當經，鷹群一年兩次行過台灣是一趟浩劫之旅。想不到在離島蘭嶼也遇到了不好的經驗。

1995年5月，原本預報是好天氣的蘭嶼，忽然下起了陣雨。一群路過的赤腹鷹措手不及，跌跌撞撞的降落在海邊礁岩上，死的死、傷的傷，統統落入當地人的籠中，並輾轉向我們外地人兜售。

近年來，因為輿論指責和警力干涉，捕鷹行為已經化明為暗。當夜深人靜，赤腹鷹與灰面鵟剛收起戒心時，從滿州鄉晦暗的樹林裡，還不時傳來令人膽戰心驚的槍聲。

野鳥觀察筆記

南路鷹

灰面鵟北返時，途經彰化八卦山。《台灣通史》記載：「每年清明有鷹成群，自南而北，至大甲溪畔鐵砧山，聚哭極哀，彰化人謂南路鷹」。因為春天的時候，鷹群由南向北而來，所以稱為南路鷹。

落鷹　起鷹　鷹柱

鷲鷹科猛禽集體遷移時，有固定的飛行路線和棲息地點。秋天南下的赤腹鷹和灰面鵟，黃昏時在墾丁和滿州鄉附近，可以看到為數甚多的鷹群，先在谷地上空中盤旋，然後紛紛降落在低海拔森林裡休息，賞鳥者稱為落鷹。如果是一個好天氣的早上，鷹群先在谷地上試探飛行，叫做起鷹。隨著氣溫升高，熱氣逐漸上升，鷹群向高空盤旋形成中空的柱狀體，稱為鷹柱。鷹柱形成時，上層鷹群依序滑翔出海，航向南方。這種行為模式十分固定，是每年賞鳥人津津樂道的盛事。

鷿鷈科

鷿鷈

「關關雎鳩，在河之洲，窈窕淑女，君子好逑。」長久以來，每一個中國淑女和君子，都能朗朗上口，不但是文學上的千古名句，也讓蒼白的、腐朽的、死沈沈的中國文學，終於聞到一些有關情愛的浪漫氣息。至於，雎鳩是什麼鳥？在什麼河？什麼洲？君子、淑女們不求甚解，干卿底事？何況又非關文學。千百年來，這隻只知其名不知是什麼樣的鳥兒，只在我們身邊「關關」的叫個不停！

最近，有好事者從植物、動物名稱興起一股考古風氣。詩經裡的蟲魚鳥獸、花葉草木都被挖掘出土，經過一番注、疏、按、考，交叉舉證，居然條條都有現代名詞和意義。一時之間，好像時空逆轉，我們又要回到堯天舜地，虛幻、美好的時代裡一樣。

◎ 鷿鷈。

關於「雎鳩」他們是這麼舉證的：

《朱熹傳》：「雎鳩，水鳥，一名王雎，狀類鳧（ㄈㄨˊ）鷖（一），…」又說：「兩足如鳧鷖，終日在湹渚。……」鳧鷖應該是鷺科水鳥。雎鳩若是溫馴的鷺科水鳥，倒是還可以勉強接受。接下來就更離譜了：《陸機疏》：「雎鳩，大小如鴟（ㄔ），深目，目上骨露，幽州人謂之鷲。」

《爾雅正義》進一步解釋：「雎鳩」就是「魚鷹」。現在野鳥圖鑑中名為「魚鷹」者，就是鷲鷹科的猛禽，以捕捉水面上的魚類而得名，好像無關男女情愛的性格。

◎ 鸕鶿鳥趾爪間有蹼，方便潛入水中捕魚，是海、陸、空三棲的鳥類。

「在河洲之上有一隻兇猛的魚鷹……，」這樣的描述需要更多的想像力才行。

《儒林外史》中也提及「魚鷹」，注云：「魚鷹，就是鸕鶿」。現在中國廣西一帶水上人家，仍然豢養鸕鶿捕魚，當地人稱鸕鶿為「老鴉」、「魚老鴉」或「魚鷹」。若說雎鳩就是鸕鶿雖然入情入理，恐怕也會讓許多戀愛中人倒盡胃口。

不論古籍如何記載和注疏，究竟只是文學家、哲、理學家的見解；西洋人形容張開翅膀曬太陽的鸕鶿像女巫一樣。雖然古今中外看法不可同日而語，但是想要將鸕鶿外表行為，強牽做為情愛的比擬，未免大煞浪漫文學的風情了。詩文中人人耳熟能詳的情愛之鳥，何妨就讓牠活在人們美好文學記憶裡，再追根究底絕非美事。

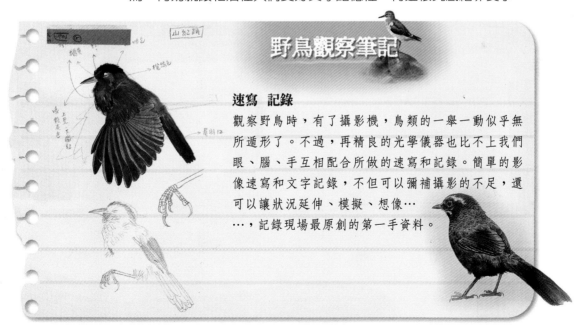

野鳥觀察筆記

速寫　記錄

觀察野鳥時，有了攝影機，鳥類的一舉一動似乎無所遁形了。不過，再精良的光學儀器也比不上我們眼、腦、手互相配合所做的速寫和記錄。簡單的影像速寫和文字記錄，不但可以彌補攝影的不足，還可以讓狀況延伸、模擬、想像……，記錄現場最原創的第一手資料。

◎ 紅胸啄花（上：雌。下：亞成鳥），聽到「滴滴滴……」的聲音就知道紅胸啄花就
在附近，可惜總是在樹枝最遙遠的那個方向，讓攝影者既愛又恨。

啄花鳥科

紅胸啄花鳥

　　梨山，一個過氣的觀光勝地。

　　梨山，一個攤販送往迎來、遊客蜻蜓點水的地方。

　　梨山，一個恣意濫墾而水土保持失敗的指標。

　　梨山，清晨6點鐘，我和攝影的朋友，哆嗦著等待紅胸啄花鳥的出現。

　　不論你怎麼看待梨山，就在一個不起眼的角落裡，紅胸啄花鳥和忍冬葉桑寄生正演替著一個世代纏綿悱惻的故事。

　　梨山地區的地層逐漸滑動，年復一年，土地和房屋慢慢崩塌。這

◎ 紅胸啄花（雄）

◎ 紅胸啄花體形嬌小，身長只有8公分左右。在中海拔山區的樹枝活動，是桑寄生植物傳播的主要媒介。

是天神因為人類不再尊重土地，所做的懲罰。人們並且得到了神的示諭：只要有人能證明對土地擁有持續永恆的愛，就可以見到天神，取得拯救大地的方法。愚蠢的人們因此大量砍伐林木、蓋大廟、造天梯，終究還是到不了天上、見不到天神。每逢雨季，土崩石流，整個梨山地區看起來岌岌可危。

有一對年輕恩愛的夫婦，也想要為大地盡一些心力，他們在自己的土地上種了許多山櫻花，每天細心的澆水、施肥。日子一年一年過去了，山櫻花長得特別快，竟然直通雲霄。夫妻倆沿著樹往上爬，終於見到了天神，取得了拯救大地的方法──天神給了他們更多的山櫻花和各種樹木的種籽。

年輕的夫妻把種籽從天上灑下。可是當他們看到腳底下的土地早已是滿目瘡痍，連大甲溪的河水都被污染得變成暗黑色。人們仍然盲目的開山、開路、搶劃地盤、到處噴灑農藥和肥料。這一對夫妻既傷心又失望，決定不願再回到醜陋的人間，但是也不能留在天上。天神嘆口氣搖著頭，把他們倆人變成了啄花鳥和桑寄生。

梨山的桑寄生高高寄生在山櫻花上，紅花和綠果吸引著紅胸啄花鳥為它授粉和播種。奇怪的是桑寄生的種籽永遠被黏在高處，在樹枝上生根發芽。和啄花鳥一樣，他們世世代代生活在山櫻花樹上，從不願意沾染到一絲人間的塵土。

◎ 金背鳩數量不多但分布極廣，從高山、平地、海邊都有牠們的蹤跡。

鳩鴿科

金背鳩

現實的政壇中，總有屬於「鷹派」的激進好戰分子，也有屬於「鴿派」溫和妥協的成員。不論外型、個性和生存條件，鷹與鴿之間不安的關係中，溫馴安分的鳩鴿科鳥類總是默默無言的受害者。不論從畫面或影片中，看到猛禽的彎鉤利爪下捕捉的獵物，總是楚楚可憐的鳩鴿科鳥類。人為刀俎，我為魚肉，自然界中扮演的宿命角色，早已層次分明。

紗帽山的山腰上有一棵枯乾的山黃麻，也是附近野鳥族喜歡棲息的社交場所，白頭翁、五色鳥、樹鵲、藍鵲，每天都有固定排班休息的時刻表，一批走了，另一批又飛上來，打個小盹或彼此磨蹭，相互清理羽毛。

野鳥觀察筆記

史蒂瑞

史蒂瑞（Joseph Beal Steere）美國人，密西根大學博物學教授。1873年10月曾到台灣蒐集民族學資料，順便也採集動物標本，並將採集到的鳥類標本請史溫侯鑑定。台灣特有種藪鳥的學名，就是以史蒂瑞的名字命名。

◎ 斑頸鳩也就是俗稱「斑甲」的野鴿子。最近都會區出現的數量愈來愈多，公園路樹上常見牠們的窩巢。

◎ 斑頸鳩

野鳥觀察筆記

鳥類生態畫

以美麗可愛的鳥類做為繪畫題材者比比皆是,那樣的作品與一般風景畫、靜物畫以及人物畫所表現的藝術性並無二致,卻不能稱為「生態畫」。

鳥類生態畫不僅要表達鳥類在繪畫藝術裡的形、色、姿態之美,還要能兼顧鳥類行為、特徵或甚至能夠表現鳥類與環境互動的關係。也就是說,這樣的作品除了可以欣賞美麗的野鳥之外,還要深具自然科學教學上的意義,並且可以從生物、生態學的角度來做科學的檢視。

有一天，不知道從哪裡竄出一隻鳳頭蒼鷹，腳爪下攫著一隻野鴿子，從金黃色鱗狀羽片判斷，鉤爪下的犧牲者，是一隻倒霉的金背鳩。那刀片般鋒利的鷹嘴，不停的撕扯獵物，還不時露出兇殘貪婪的目光。一場弱肉強食的戲碼，正在枯木的舞台間上演。觀眾中除了我之外，噤若寒蟬的眾鳥早就紛紛走避。鳳頭蒼鷹在一陣吞嚥之後，不足，只好另尋他處。

同一棵枯木上的另一個好天氣，一對恩愛的金背鳩約在老地方見面，彼此鼓著蓬鬆的羽毛，互相依偎在一起。這時候，空氣中的氣流一陣波動，又一隻猛禽擦身而過，嚇得金背鳩差一點沒有跌下樹枝。不過回神定睛一望，原來是一隻瘦弱的亞成鳥鳳頭蒼鷹。或許是新仇舊恨俱上心頭，兩隻金背鳩不知哪裡來的勇氣，竟然同時撲上宿敵。鳳頭蒼鷹怎麼也料不到，嘴邊的食物竟然起而反抗，羽片紛飛，終於落荒而逃。

◎ 紅鳩。

猛禽位居自然界食物鏈的上層，俗諺中有所謂「一隻鷹鶴，佔七里雞仔」。要有足夠廣大的空間，才足夠養活一隻猛禽。可見自然界裡的強者，也必須面臨艱困的生存環境，並不如我們想像中手到擒來，能夠輕易的獵取食物。何況虎落平陽，連一向乖巧的金背鳩都會騎到頭上來。

◎ 綠鳩。

◎ 當潮水漲滿時，小水鴨（雄）無處可去，只好站在石頭或木樁上，拍拍翅膀、理理羽毛，順便曬曬太陽打個盹。

雁鴨科

小水鴨

10月初，小水鴨遷移部隊陸續從北方飛來台灣。

台北華江橋下的新店溪因為受到潮汐的影響，河岸在漲退潮之間形成寬廣的泥灘潮間帶，是小水鴨們最喜歡的度冬環境。沈積的污泥中含有豐富的食物，紅蟲、魚蝦取之不盡。夕陽、彩霞映染著金黃色的河面，遠處偶有舢舨划過，激起小小的漣漪。小水鴨趁機活動筋骨，成群飛向天空，盡情舞弄之後拍著翅膀依序降落水面。生活富足而美滿是小水鴨最感到安慰的事了。

入冬以後，雄鴨們會開始褪去樸實的外衣，換上美麗鮮豔的繁殖羽。每天漲滿潮的時候，總是站在岸邊的石頭上拼命的拍打翅膀，清理羽毛，漸漸理出一個流行的髮型，換上一套華麗的外衣，還戴了一副墨綠色的太陽眼鏡。有時候甩甩頭，然後痴痴的望著身邊的伴侶。金色的淡水河伴著夕陽和晚霞，從醉夢似的眼神中，小水鴨

野鳥觀察筆記

賞鳥裝備

除了輕便、簡單、舒適的衣著和戶外裝備之外，還應攜帶望遠鏡、野鳥圖鑑、筆記本。

◎ 小水鴨（雄）在入春以後逐漸變裝，換一身青春豪華的繁殖羽，準備北返後大展雄風。

彷彿已經看到一幅甜蜜、美好的未來。

今年，小水鴨已經感覺到華江橋下的水域和往年大不相同，紅蟲、藻類數量不比以往豐富，水質乾淨了許多，食物減少了許多，正意味著梁園雖好，實非久留之地。好景不常在，明年還會再回來嗎？

小水鴨不明白是是非非、反反覆覆的人世間，處處充滿合理合法的矛盾行為 ，手持上帝的令符，污染有理，保育也有理。什麼才是污染？要不要保護區？還是問問小水鴨吧！

◎ 小水鴨（雌）。

◎ 小水鴨來台灣度冬的數量十分龐大，成群聚集在海岸、河口、沼澤區的潮間帶覓食。

適者生存

　　在北部山區裡有一片原本不為人知的溼地。那時候，我到這裡來是為了拍攝沼澤裡的昆蟲。記得在芒草叢底下的小水窪裡，我常常可以看到一群彩色的鱂魚。

　　重回到溼地，是為了觀察一對綠頭鴨。原來，溼地早已開發為「自然公園」，沼澤被挖開成一個人工池塘。步道、涼亭和曲橋，吸引許多遊客前來休憩。許多善心人士紛紛到自然公園裡放養動物，更有人把一對罕見的綠頭鴨放生在公園裡。這時候母鴨正驕傲的帶著12隻可愛的小鴨，穿梭在曲橋下，溫馨的畫面感動了不少遊客。誰都希望這一窩小鴨能順利成長，為公園增添熱鬧的氣氛。

◎ 小水鴨成群飛翔。

　　可是，小鴨子的數目一天比一天減少，才不到一個星期，就只剩下驚慌的鴨爸爸和鴨媽媽，茫然不知所措的繞著池塘打轉。小鴨子沒能力在不自然的環境中生存。

　　我想到了鱂魚，在人工池塘裡是不是生活得更自在呢？池塘裡，我只看到遊客放養的錦鯉、烏龜和牛蛙。那一群彩色的鱂魚，早已在人類自以為是的行為中，無聲無息的絕跡了。

◎ 雄綠頭鴨繁殖羽。

野鳥觀察筆記

繫放

科學家為了深入瞭解野鳥的行為習性或遷移路線,將捕捉到的
野鳥繫上標的物或追蹤器,編號後詳細記錄身
長、體重、時間、地點…等資料,再予放飛。
等到下次再被捕捉時,可以對照、比較原有
資料。有時,候鳥的繫放還需要透過跨
國合作。
在資訊發達的今天,想要瞭解鳥類,還必須
透過繫放工作,寄魚雁傳書之情。靠著長時
間、大量、持續進行,才能換取些微的資料。

193

◎ 據說家中飼養的鵝即是鴻雁馴化育種而來。野外鴻雁，若非賞鳥人的慧眼，怎知牠不是農家後院的家禽？

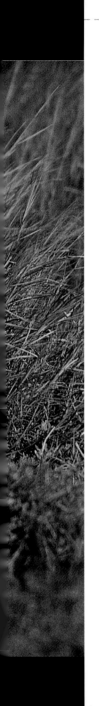

◎ 鴛鴦手繪圖。

◎ 豆雁是亞熱帶台灣的嬌客。偶爾出現在西濱沿岸收割過的稻田裡，或呈行列從天空飛過。

◎ 豆雁。

◎ 白腹秧雞生性隱密不易見到。晨昏時，常常「苦啊—苦啊—」叫個不停，又叫作「苦雞母」。

白腹秧雞

　　台北北郊的「士林官邸」原是兩蔣時代的官舍。開放以後袪除了「御花園」的神祕感，卻發現官邸花園裡全是人工栽植的奇花異草和粗俗造景的山水庭園。只有更早時期，日據時代留下來的一片「熱帶果樹區」，勉強被保留下來，或許在自然誌中還足堪慰藉。

　　有懷抱熱忱與理想的基金會，爭取官邸裡的一個角落，經營「生態園區」。挖了一方小小的活水池塘，營造一些動、植物喜歡棲息的環境。這一片方舟式的伊甸園，不免雜草叢生，有時還有不可預期的生態現象，甚至有遭人嫌惡的爬蟲類出沒。四周更被肥料農藥栽培出來的紅花綠葉包圍著，好像文明世界裡的「野獸派」一樣尷尬和突兀。

野鳥觀察筆記

保護色

許多鳥類羽毛花色，多半具有保護與欺敵作用。尤其是多數雌鳥，在育雛孢卵其間，不但要保護自己也要保護雛鳥。最好的方式就是張開雙翅，讓身上模擬環境顏色的花紋發揮保護作用。多數鷸䴉科野鳥都是模擬高手，一群金斑鴴在旱田裡棲息，竟讓人視而不覺。

◎ 雲雀的保護色。

◎ 緋秧雞多半在池塘附近活動，具有細長的趾爪，方便踩在水草上覓食。

　　人工池塘裡，來了一對白腹秧雞，這消息對經營者而言，不啻是大快人心的事件。白腹秧雞是膽小害羞的秧雞科野鳥，喜歡生活在有水的池塘、沼澤、河口溼地。常見在布袋蓮、茭白筍、菱角田裡活動，一看到有人的動靜，馬上隱入草叢中。雖然不容易看到白腹秧雞的身影，卻可以常常聽到牠們隱身在水田裡，「苦啊…苦啊…」的叫個不停，我們鄉下人稱牠為「苦雞母」，愛釣青蛙的小孩，嘴裡也常唸：「釣水雞，釣好好，釣到一隻苦雞母。」

　　只想要釣水雞，不意釣到一隻白腹秧雞，真是好運！

　　小小規模的生態園裡，來了一對罕見的嬌客，當然值得大書特書。更令人感到意外的是：這一對白腹秧雞，竟然在小池中的莎草叢裡，大膽的做窩營巢並且順利孵出4隻雛鳥。生態園的立意就是要維持起碼的自然環境，當然不能保證園區生物生態的安全。惡意的遊客、草花蛇、野鼠、家貓，都可能是秧雞的天敵。

　　每天晨昏，遊客較少的時候，母鳥帶著黑色的雛鳥，在水池周圍進進出出，呵護備至。白腹秧雞背負著不僅是身家安全而已，也是人為生態園區設立是否可行的標竿？讓我們合十祈禱，白腹秧雞能夠自自然然，生活在「野獸派」的環境裡。

◎ 紅冠水雞，廢棄的池塘或偏僻的沼澤區，只要水草叢生，就有紅冠水雞，也常在蘆葦叢中發出聲音。

◎ 緋秧雞。

野鳥觀察筆記

棲地

不同的野鳥常常因為有不同的生理構造、食物來源,而選擇不同的棲息環境,通稱為鳥類的棲地。我們尚不瞭解棲地與鳥種在自然演化之間互為因果的生態關係。

◎ 黑面琵鷺。

◎ 朱雀（雌）是常見於中、高海拔山區野鳥，喜食高山植物的籽實。雄鳥有紅酒般的顏色。

高山上的陳媽媽

「早點睡覺，早點起床，…」

「棉被有沒有疊好？…」

「多穿點衣服，不要著涼了，…」

「不可說髒話…」。

◎ 朱雀（雄）。

　　許多住過合歡山松雪樓的年輕人提起陳媽媽都印象深刻，因為在三千公尺的高山上還得忍受「媽媽的嘮叨」。陳媽媽是山莊的服務員，也是附近一群野生朱雀的監護人。她帶著我到機房後面，只「忽溜溜…」的一聲呼喚，朱雀們就從四面八方聚集在她身邊，好像一群圍著媽媽要糖吃的小孩一樣。她把飼料撒在地上，如數家珍一一介紹每隻朱雀：「傲慢愛吃玉米的胚芽…，偏見最愛撒嬌…。」

　　傲慢和偏見是一對老朱雀夫妻，最得陳媽媽的寵愛。「不但乖巧，而且有靈性…。」說著，露出滿足的表情。

　　可是常常餵食野生動物，使牠們對人類失去戒心反而害了牠們。我把我的想法告訴陳媽媽，但她不為所動，身在高山上的媽媽，唯一的慰藉就是這一群吱吱喳喳的「小孩」。

　　最近一次上合歡山，我注意到朱雀們不再親近人類，而且明顯的瘦了許多，陳媽媽不但不餵牠們飼料，還把遊客丟的垃圾和玉米骨頭撿得一乾二淨，不讓鳥兒從人類手中得到方便的食物。看到朱雀們靠近，就揮動竹子大聲驅趕么喝。原來不久前，一位遊客輕易的

◎ 褐鶯是台灣特有亞種，數量稀少，非常罕見。雖然距離遙遠，還是勉強拍照。

只用帽子就捉走了偏見。

「松雪樓就要拆除重建了，我也會被調到別處…。」

陳媽媽內心掙扎著說：

「在我走之前，要教朱雀知道許多人類都是壞蛋…，包括我在內。」說到最後竟泣不成聲。

今年9月間，我到了大雪山，在山莊的宿舍區再次聽到了陳媽媽嘮叨的聲音：「那是朱雀不是麻雀，酒紅色的是雄鳥…」、「只能賞鳥，不能餵鳥…。」

陳媽媽換了一個工作環境，也換了一個新的方法，自願做山莊的鳥類解說員，再一次當起朱雀的監護人。

◎ 灰鷽。

◎ 綠繡眼又名「青笛仔」，是常見的、不起眼的野鳥。或許是牠們的聲音清脆又容易飼養，最近也成為鳥店的
熱門飼鳥。

我錯了嗎

　　我對一窩綠繡眼的紀錄截止在6月6日，這真是一個叫人斷腸的日子。

　　連續三個禮拜以來，在地熱谷公園裡，我躲在一輛廂型車中觀察記錄綠繡眼的鳥巢，想要有系統的拍攝綠繡眼哺育的過程。

　　兩隻剛孵出不久的雛鳥，顫抖著張開大嘴巴向親鳥索取食物。好一幅大自然的天倫圖啊！我正在專心拍照，不料卻來了一個不速之客，很快的爬到樹上，把一窩小鳥連帶鳥巢一起摘下來帶走。一時之間，鳥爸爸和鳥媽媽焦急的撲著翅膀，發出錐心泣血的鳴叫聲。

　　「喂！喂！把鳥窩還我！」

　　我氣極敗壞的追了過去。三週來不分晴雨的守候，所有辛苦化作一股悲憤的力量。我怒目橫眉的說：「你這個偷鳥賊！快把鳥窩還給我！」偷鳥賊先是一楞，然後說：「你這個人真奇怪！公園裡的鳥，又不是你家養的。」「你……你……」

　　我結結巴巴的答不上話來，因為他說的似乎也有道理，我忘了這一窩的綠繡眼並不是屬於我的。

　　「你捉小鳥做什麼？」「我喜歡小鳥，帶回去飼養啊！」那老兄沒好氣的說：「綠繡眼不是屬於保育動物，捉了牠又不犯法。」

　　我們大聲的爭吵，引來了附近許多人圍觀，大家都認為偷鳥的行為不對，在千夫所指之下，那個人不情願的交出了鳥窩和兩隻幼鳥。我爬上樹，把牠們放回原來的地方。不知所以的親鳥們仍然在旁邊的枝上驚悸的鳴叫。

◎ 綠繡眼修補鳥巢。

◎ 3隻綠繡眼雛鳥只感覺樹枝輕微震動，以為是親鳥回巢，紛紛張開大嘴，希望食物落入自己口中。

野鳥觀察筆記

成鳥 亞成鳥 幼鳥 雛鳥

鳥類發育過程中羽毛顏色、形式已經固定,可獨立生活,並具有繁殖能力者稱為成鳥。依成長過程反序分為:亞成鳥、幼鳥、雛鳥。每一種鳥生長過程的外形變化相當歧異,時常在鳥種辨識上困擾賞鳥者。

◎ 換羽中的帝雉亞成鳥。

◎ 已經離巢的白頭翁幼鳥。

◎ 哺育期間綠繡眼親鳥對於巢中雛鳥呵護備至，不但輪流餵食、守護，還不時修葺鳥巢，清除螞蟻。

「不要怕,我不是壞人。」

我一面輕聲說著,一面從樹上跳下來,像除暴安良的英雄凱旋歸來一樣。

接下來幾天,我繼續到樹下觀察,可是鳥窩裡外寂然無聲,不再有嗷嗷待哺的小鳥和忙碌進出的母鳥。6月6日當天下了一陣大雷雨,我終於按耐不住爬上樹,窩裡只剩一堆零落的小鳥屍骨和羽毛。親鳥在出事的當天就已經棄巢離開,兩隻幼鳥竟遭活活的餓死。我十分難過的回想著:如果當時幼鳥被人捉去飼養或許還有活命的機會吧…?難道眼睜睜的讓人拿走鳥窩…?我做錯了嗎…?我是英雄還是兇手…?

野鳥觀察筆記

棄巢

鳥類對於自己的窩巢具有極度的神經質與不安全感。對於靠近鳥窩的其他動物,常會表現過分焦慮或做出捨命攻擊。常見的白頭翁和綠繡眼,一旦鳥巢被人發現或具有潛在危險性,常常會有棄巢的動作。據說牠們會損壞鳥蛋、咬死雛鳥,玉石俱焚之後再另結新巢。我們實在很難瞭解這究竟是什麼樣的情操?

鑿洞營巢的鳥

　　每天清晨4點，大屯山自然公園裡陸陸續續來了一些扛著長鏡頭的攝影者。聽說一對五色鳥把牠們的巢洞築在公園裡小路旁的一棵枯樹上。這件事傳遍了所有和鳥有關的人。賞鳥的、攝鳥的、研究者、抓鳥人…，可說是轟動武林，驚動萬教。

　　怎麼會有如此膽大妄為的鳥兒，敢在遊客如織的公園裡築巢？而且高度只離地一公尺左右。這件事可不能怪築巢的雄鳥，因為在人工化的公園裡實在很難找到適合的枯木。

　　五色鳥通常由雄鳥選擇一棵適當的枯木，向內向下啄出一個巢洞，然後飛到樹梢「咯咯咯…咯咯咯…」的吸引雌鳥。想必也是一隻糊塗的雌鳥看上了這個極不妥當的窩。因為自從小鳥孵出來以後，忙進忙出的餵食難免曝光，被人類發現的鳥窩其後果可想而知。

　　沒想到這一個眾人皆知的五色鳥家庭卻有不同的際遇。

◎ 五色鳥。

　　洞口外面能夠攝影的方位僅容旋馬，卻聚集了大約二十幾架大小不同口徑的長短鏡頭，所有的焦點雖然都對準了洞口，可能是同行相輕，每一個人心裡想的卻十分岐異，往往因為器材不同、技法不同、流派不同、拍攝的目的不同而互相口角，爭嚷不休。只有當鳥爸或鳥媽銜著食物回到洞口，或是洞裡的小鳥

215

◎ 五色鳥築巢不一而足，常常東敲西鑿，最後選中一個巢洞作為今年的窩。

張著大嘴，引頸企盼食物的那一刹那，大家才領悟到能夠讓鳥兒順利回巢，才是大家唯一的目的。

於是，攝影者從自我節制到互相約束、守望，大家一起退到安全距離之外，不用閃光燈和反光板，不干擾鳥兒的自然行為，這些規定成為最高攝影守則。

最危險的地方，也是最安全的地方。小五色鳥終於在眾人期盼之下順利的長大。當最後一隻小鳥衝出巢洞飛向樹林，攝影人按下最後一次快門的時候，在場的人都不禁鼓掌歡呼。好像對親鳥的辛苦感同身受，對新生命的前程寄予無限的祝福。

自然界中，人類的很多行為也許和野生動物格格不入，不過聰明的人類願意學習，本著謙卑的心和大自然互動。你看！這一幀幀生動美麗的攝影作品就是給我們最好的回報。

◎ 幼鳥離巢前探出頭觀望外面的花花世界。

◎ 五色鳥的親鳥每次餵食完畢，還要進入巢中，清理幼鳥的糞便。

野鳥觀察筆記

喙

喙就是嘴。鳥類為了因應各種不同的捕食、獵食、覓食方式，嘴型的種類大異其趣。有鉤、夾、錐、鑿、啄、杓、匙等形狀。通常看到鳥嘴的形狀，就可以聯想到此種鳥類的食性。好比彎鉤銳利的鷹嘴是叼啄撕裂肉食的利器，文鳥科和雀科有著像鉗子一樣的錐狀喙，方便嚼食穀米種籽類的食物。

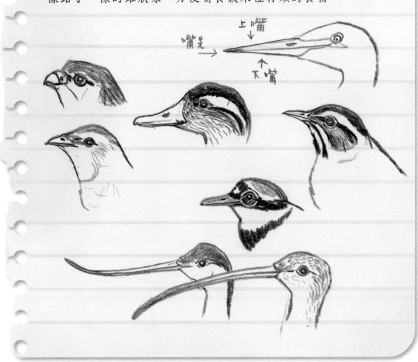

◎ 根據史溫侯的記載，1858年夏季，台灣南部有黃鸝甚多，如今野外早已求之而不可得了。

紅樹歌童

　　高爾夫球場附近，有好幾棵百年楓香形成的一個小公園。楓香高可參天，樹身蒼老有勁，足以兩人合抱。樹下的一個角落，是婚紗攝影的熱門景點，一對對新郎、新娘盛裝打扮，身穿燕尾服的油頭老公深情款款，肩披白紗的粉面老婆小鳥依人，好像童話故事裡的人物一樣。

　　楓樹下還有另一個攝影者，手持長鏡頭相機正在等待機會。看他的攝影裝備就知道是個鳥類攝影的同好。長鏡頭指向另一棵楓樹下垂的枝枒，不知有何期待？好奇心驅使我向前詢問。

　　「沒有，沒有，隨便看看而已！」

　　老兄顧左右而言他，將鏡頭轉向另一邊，我只好沒趣的走開。這時候，附近樹梢上傳來一陣嘹亮悅耳的鳥叫聲，一隻帶有黑色過眼線的黃色大鳥，出現在附近木麻黃上，嘴裡還叼著一隻螳蟲，左顧右盼觀察了一會兒，飛進枝葉隱密的楓香樹林裡。我進一步觀看，原來枝葉間結了一個黃鸝的巢，上面靜靜的窩了一隻母鳥。雄鳥歸來，親切的將食物遞給母鳥之後，還殷勤的在巢中打理一番。新婚燕爾，兩隻黃鸝在愛巢裡相互磨蹭，狀甚親密。過沒多久，又雙雙飛出去尋找食物。

　　轉眼間，樹下攝影的朋友，早已按下數十次快門。眼見事跡敗露，只好懇求我不要把黃鸝在這裡築巢的消息走漏出去，因為愈多人知道，鳥巢就愈不安全。我可以理解保護鳥巢的用心，卻不能理解爾虞我詐的人性。

◎ 稀有、罕見的黃鸝竟然在北部地區築巢繁殖，被賞鳥人當做一件大事。

　　黃鸝原名黃鶯或倉庚，《詩經》古籍中有「倉庚于飛，熠耀其羽」。五代《天寶遺事》也有記載：「明皇於禁中見黃鶯，呼為金衣公子，又名紅樹歌童。」可見黃鸝是以羽色鮮豔、歌聲婉轉被人古今傳頌。約一百五十年前，史溫侯在台灣南部的枋寮附近還可以看到許多黃鸝棲於竹叢上，如今野外卻早已經求之而不可得了。

　　「好…，老公把頭轉過來一點，好…，老婆靠近一點…，好…，笑一個…，對，對，對了…！」

　　另一對新婚夫妻在樹下，正依照幸福人生的標準公式進行攝影存證。雖說人生如戲，同樣是新婚戲碼，看在野鳥生態攝影者的眼裡，這一齣人類的婚紗戲顯得格外虛偽。

野鳥觀察筆記

地理分布
因為地球表面上的高山、海洋或其他地理因素，限制了某一種野鳥的遷移，而產生地理隔閡，甚至產生地區性的特有種類。例如台灣有多種畫眉科野鳥，因為飛行能力有限，加上海島的隔絕環境，造就了台灣特有種鳥類，台灣也就是這些野鳥唯一的地理分布區。

◎ 帝雉也好，黑長尾雉也好，山上的野鳥無關種族恩怨，竟也沾染民族主義的色彩。

紅腳雞與國寶鳥

　　林道上傳出有帝雉出沒的消息。我整裝出發，希望能目睹這種台灣特有的珍稀鳥類。

　　天黑了，我在山中的一處工寮借宿，受到林班工人熱情的款待。山上的人生活十分簡樸，端出自己釀製的米酒和山珍野味接待客人。

　　「這是山雞肉！」一個叫賴桑的領班得意的說：「昨天才捉到的。」酒酣耳熱之中，我享受了一頓山中大餐。尤其是山雞肉，令人回味無窮。

　　第二天一早，我拿出帝雉的圖片向工寮裡的人打聽，哪裡才可以找到這種稀有的珍禽？

　　「附近多得是！」賴桑說：「你昨天吃的就是這種山雞的肉啊！」

　　我大吃一驚，趕緊跑到工寮後的垃圾堆察看，天啊！果然有一堆帝雉的羽毛。此刻在肚子裡消化的竟然就是我踏破鐵鞋遍尋不著的帝雉。原來伙伕常常把吃剩的菜飯倒在工寮附近，每天晨昏，成群的帝雉總會在工寮附近徘徊索食。山上人家並不知道帝雉是保育的稀有鳥類，只知道附近有許多「山雞」，偶爾會誤觸陷阱，成為他們桌上佳餚。

　　賴桑自告奮勇的帶我到柴

◎ 帝雉（雄）。

◎ 帝雉（手繪圖）。

◎ 帝雉（雌），雌雉身上的羽毛顏色具有保護作用，不但要保護自己，還要保護雛鳥。

房後面，果然有一群「山雞」在山路上覓食。我一面拍照，一面做速寫。賴桑感到很新奇，在他心目中，「山雞」只是桌上一道下酒的好菜，沒想到透過我的畫筆，居然也可以成為一件藝術品。他要了一張貼在工寮的木板牆上。

晚餐的時候，賴桑仍然爽朗的喝酒講話，可是我注意到他自始至終不再染指桌上那盤回鍋的山雞肉了。

◎ 帝雉（雌）。

野鳥觀察筆記

踏仔　夾仔

放置地面上，用來捕捉步行的飛鳥走獸。用熟鐵組成的簧片和咬具，被捕到的動物非死即殘，是相當不人道的捕獵工具。據說，有七成在野外觀察到的台灣黑熊竟然都四肢不全，可見這種獵具十分泛濫。我們在乎的不是獵人的生計或是黑熊的生息，而是仁人愛物的人性哪裡去了？在山林裡從事攝影工作，我怕的不是黑熊或山豬，而是怕踩到獵人設置的「踏仔」。

◎ 環頸雉為了討好異性，雄雉從頭到尾極盡妝扮之能事。

危機四伏

　　獵人偷偷摸摸的跨過農場的欄杆，沿著石牆走到缺口處有三棵苦楝樹，他知道這裡是捕捉野雞的好地方。獵人在樹下布置一番，然後匆匆離開…。

　　我頭一次看到環頸雉是在台東的一個牧場裡，一對殘廢的環頸雉從三棵苦楝樹下石牆的缺口處匍匐著「走」出來。羽色鮮豔的雄雉雙腳從膝蓋以下全遭捕獸夾剪斷。雌雉只剩左腳，一跛一跛的跟著牠的同伴。牠們無力保護原有的領土，只好冒險出現在路邊覓食。

　　那是一個下著小雨的黃昏，環頸雉走到苦楝樹下避雨。剎那間白光一閃，冰冷的捕獸夾已緊緊咬住雙腳，掙扎著扯斷僅連的皮肉，用流著血的傷口在布滿荊棘的草地上逃命。之後癒合的傷口再度磨破，直到長出一層厚厚的繭為止。

　　苦楝樹下靜悄悄的，獵人有點失望。附近一片凌亂，羽毛散了一地。捕獸夾已經啟動，像魔鬼的利齒一樣緊緊咬合，一絲絲的血跡凝固在森森的白鐵夾上。獵人檢視捕獸夾，只看到兩隻連著膝蓋的雞腳，獵人啐了一口檳榔汁，重新撐開捕獸夾撒上誘餌，再去察看別處的陷阱。

◎ 環頸雉（雄）。

◎ 喜歡登山的人一定不難發現竹雞的蹤影。牠們常常小群在林間步道上享受沙浴，遇到干擾即快速竄入箭竹叢中。

第7隻竹雞

　　每一次欣賞生態藝術作品後，感動我的並不只是作品表面那一剎那自然生態的切片。藝術作品的美，對我而言只是一扇誘惑人的窗戶而已，我想要探討的，是窗戶裡，這一幅切片的前因和後果，找到屬於藝術的真和善。

　　我是一個自然生態的觀察者，並且常常以自然界裡的花草蟲魚當作繪畫、攝影或文學的題材。我仗恃著擁有豐富的田野經驗和精密的攝影器材，心想從此飛鳥走獸一定無所遁形了。於是，用人類目空一切的自尊，貿然而魯莽的闖進了自然生態藝術的世界裡。

　　曾經為了想要獵取自然美景，爬山涉水尋找一座神祕的瀑布；不遠千里捕捉一抹森林裡的紅葉；上到玉山頂峰拍攝岩鷚；下至曾文溪口等待黑面琵鷺。以為只有壯麗的山光水色和稀有的飛禽走獸，才足夠表現自然生態藝術；才是自然生態藝術的唯一題材。雖然一

野鳥觀察筆記

留鳥

全年棲息台灣地區，不因氣候因素遷移境外的野鳥。根據《台灣鳥類彩色圖鑑》統計：台灣留鳥占所有台灣鳥類的39％，有些留鳥也會在本島內做短距離的遷徙，或垂直高度上下遷移。

◎ 雌藍腹鷴出現在林道上，姿態優雅高尚，像一個裝扮得宜的氣質美女，是我所見最美的野鳥。

幀幀精采的作品，確實能夠感動日益疏離自然的民眾，凝聚自然保育的力量，卻也毫不遮掩的展示著身為藝術家的驕傲和成就，以及生為人類高高在上的優越感。可是在掌聲和讚美之後，我反而寧願是畫中的黃鼠狼，卑微的生活在不適合生存的關渡保護區裡；或是那一隻略帶憂鬱的大冠鷲，冷眼旁觀人類所主宰的大千世界。透過牠們的眼光來表現我們的自然生態藝術，用真正屬於自然的精神，來淨化我們的五濁惡世。

一天早上，我背著相機走進一條林道，在一處轉彎的地方發現一群竹雞，正在泥地的沙坑上享受日光浴。竹雞生性隱密而害羞，是一種不太引人注意的野生鳥類。有人說竹雞成群大約7隻，這7隻竹雞蹲踞在沙坑上窩成一團，時而瞇起眼睛怡然自得；時而啁啁細語相互磨蹭。和煦的陽光透過扶疏的枝葉，斑駁的光影灑在竹雞們的身上，優雅安詳的舉動看起來是這麼雍容華貴。我不忍心因為我拍照的動作或聲響，干擾到這一群竹雞，於是緩緩的蹲了下來，盡量匍低著身體的姿態，好讓自己看起來不像是一個心懷不軌的人。

開始從身體感覺到來自泥地裡的溫暖，接收隱藏在地底下的訊息。枯葉堆裡有一個奇怪的蛾蛹，金龜子的幼蟲不停的蠕動，至少還有一隻地鼠在不遠處翻土。地面上布滿了禾草的籽實，草葉上滴滴露水，在陽光下顯得晶瑩剔透。長滿地衣的岩石上，有藍色發亮尾巴的麗紋石龍子和冒充枯葉的蝴蝶。從空氣中，我聞到了花的香味、椿象的臭味和腐熟水果的味道，紫蛇目蝶也聞香而來，細細品嘗一粒爛熟的榕果。我也可以聽到青楓的翅果翩然落下和酢漿草彈射果實的聲音、新芽從泥土裡冒出來的聲音、空氣流動的聲音、枯

葉籟籟飄落的聲音，茶蠶蛾啃噬嫩葉的聲音。

　　除此之外，在這一片看似安靜祥和的世界裡，還隱隱約約蘊含著令人不安的危機。樹林裡婆娑搖曳的枝葉，其實是一場正在進行爭奪生存權的殺戮戰，攀木蜥蜴正虎視眈眈的凝視著一隻德國蜚蠊；人面蜘蛛滿腹心機，勤奮的補葺牠的羅網；白痣珈蟌著急的東張西望，為了固守牠的地盤，不讓情敵入侵；更何況岩石後面的草叢裡，不時傳來窸窸窣窣，令人不安的聲音…。

　　感覺到危險的氣氛慢慢逼近時，帶頭的竹雞緩緩站了起來，領導著牠的成員，依照長幼齒序，一隻接著一隻鑽進路旁箭竹林裡。

　　「1，2，3，4，5，6，…」我數了一數，

　　「咦？怎麼少了一隻？」

　　第6隻竹雞臨走前在箭竹林外面停了下來，回頭疑惑的望著我。

　　好像正嘀咕著說：「你怎麼還不跟上來？」

　　原來我就是牠們的第7隻竹雞。

　　短暫的天人交會讓我脫胎換骨，好像經歷了百萬年進化的淬練一樣。原來只要拿掉鏡頭後面的優越感，用自然的心去體會自然，就能使一隻粗暴的恐龍演化成溫馴的動物。

　　這個林道上的邂逅，並沒有留下任何的生態照片。不過，在我的心中卻烙印著一段至真、至善、至美的生命藝術，這畫面是永遠無法用相機或畫筆所能取代的。

◎ 為了方便攀附在垂直的樹幹上，小啄
木的腳趾特化成二、三趾朝前，一、
四趾向後的「對趾足」。

啄木鳥科

小啄木

人們砍伐枯木總是名正言順的。

公園裡、校園裡常常以觀瞻和安全為由，容不得一棵枯木的存在。沒有枯木的地方，綠油油的看起來生趣盎然，但是啄木鳥可不這麼想，沒有枯木的地方真是何以為家啊！

南投縣埔里鎮郊外有一所迷你小學，校園裡青青校樹，雖不是古木參天，卻也常綠樹成蔭。學校裡的老師、校工們不但「樹人」，同時也「樹木」，對自然有一分獨特的關懷——他們保留枯木。當樹林過於茂密需要疏伐的時候，特意留下約一公尺枝幹任其枯乾。小啄木鳥就在這一截枯枝上鑿洞為巢。

當我在樹下拍照的時候，學校的小朋友就在我旁邊充當解說員，告訴我有關小啄木鳥的種種習性，同時如數家珍的介紹和他們一起生活在校園裡的還有五色鳥、家燕和畫眉…。

「啄木鳥不會啄木喔！」

「對啊！只有在做窩的時候才會在枯木上挖洞。」

「到處都有蟲蟲，不需要辛苦啄木啊！」

小朋友你一言，我一語，和我分享他們觀察的心得。

我和多數人一樣，長久以來總是認為啄木鳥鑿樹洞捕捉樹幹裡的蛀蟲是天經地義的，所以是「樹木的醫生」。這樣的概念來自書本和影片。原來，生活在不同地理環境裡的啄木鳥，自然會有不同的生態行為。偉大的「發現」，竟出自於年幼的小童，由此可見，實地觀察更勝於萬卷書牘。

◎ 小啄木或許具有鑿木取食的本領，但是闊葉林枝葉之間或樹幹的細縫裡到處都有食物，何勞「啄木」呢？

「來自家鄉垂手可及的知識最有價值。」

自然文學家亨利‧梭羅從來不曾懷疑。

一截截的枯木成為活生生的教材，豐富了小朋友的知識，誰說每一個小孩都應該去找鳥窩、掏鳥蛋？一點點的創意，是學校的用心與愛心，誰說人類應該是自然界的敵人？

野鳥觀察筆記

巢箱

有些鳥類喜歡選擇在中空的樹洞築巢，由於野外適合的環境愈來愈少，愛鳥人士或科學研究者特地製作巢箱，固定在野鳥棲息的樹林裡，方便野鳥進駐。

◎ 泰國八哥原是寵物店的飼鳥，在野外適應良好，已經大量繁殖，而台灣八哥反而難得一見。

八哥科

缺舌之鳥

關渡平原養豬場後面，豬隻的排泄物污水橫流，穢氣沖天。有一群黑色的野鳥特別喜歡這樣的環境，占據了豬舍附近的棚架和樹枝，啾啾嘎嘎的喧鬧不休。

記得十幾年前，剛開始接觸野鳥的時候，在台北圓山橋附近，看到一隻翼翅上有白斑的黑色野鳥飛過基隆河。同行的鳥友告訴我，那是一隻八哥，而且可能是外來種的泰國八哥。竟然能夠在郊外看到一隻野生的八哥，我感到十分幸運！沒想到，十多年來，野外的泰國八哥愈來愈多，從平原郊野到大城小鎮；從垃圾堆裡到大廈頂樓，到處都有牠們出沒的蹤跡。在一片高歌本土化聲中，外來的八哥族群正一步步侵入我們的地盤。

台灣八哥原名「鴝鵒」，是台灣特有亞種。「鴝鵒」又名「迦陵」，楞嚴經有：「迦陵，仙音，遍十方界。」佛說阿彌陀經描述極樂佛土也有：「…彼國常有種種奇妙雜色之鳥，白鶴、孔雀、鸚鵡、舍利、迦陵頻伽、共命之鳥…」。所以「迦陵」原是佛經裡的「仙鳥」，因為「迦陵，仙禽，在卵殼中，鳴聲已壓眾鳥。」也有人認為八哥智商高，頗通人性，馴之能學人語。

野外的台灣八哥已經很少見了，取而代之的就是眼前這一群缺舌之鳥。仔細觀察這一群顏色、外型大同小異的八哥，眼、喙、趾爪、羽色上竟有許多分類上明顯的差異。很顯然同科鳥類在野外自然雜交，已經成功繁殖好幾代了。

不論八哥是不是極樂仙鄉裡的「迦陵」，關渡平原這一群聰明狡

◎ 黑頸椋鳥。

◎ 白頰椋鳥。

詐、適應力超強、眼神略帶邪惡的野鳥，一定不是佛陀所說：「欲令法音宣流，變化所作…」的仙鳥。

野鳥觀察筆記

籠中逸鳥

被人類豢養後釋放或逃出的鳥類。多半是由境外地區引進的非本土鳥類。這些鳥類逃出後，有的無法存活、有的可以生存卻無法繁殖，有些種類就好像發現新大陸一樣，不但環境適應良好而且繁衍甚眾。例如埃及聖環鷺、八哥、九官鳥、鸚鵡科…等等。

◎ 頑皮好動的紅頭山雀從沒有一刻安靜，想要取得一個攝影的好姿態，真是難上加難！

長尾山雀科

紅頭山雀

　　體型嬌小可愛的紅頭山雀，就像一群頑皮搗蛋的小孩一樣，無厘頭的成群出現，占據一整棵山櫻花，上上下下、裡裡外外翻滾跳躍，不知道在忙些什麼？然後又忽然離開，一起飛到另一棵樹上去胡鬧。

　　春天的中海拔山區櫻花盛開，是畫眉亞科、長尾山雀科野鳥最活躍的季節。牠們往往數十隻成一群，一棵櫻花跳過一棵；一批走了又來一批，好像遊牧民族一樣，在山區裡每一棵開花植物上巡弋。這個時候，牠們和開花植物在生態世界裡分別代表的是：分享、覓食、充飢、授粉、除害和共生的意義。

　　山櫻花裡蘊藏蜜源，是兩種生物交互作用的誘因，植物吸引鳥群前來覓食，順便達到傳粉和清除蟲害的額外目的。據我的觀察，畫眉亞科鳥類確實盡到了自然界交互作用的責任，而紅頭山雀，就像前面所說：好像在萬聖節裡，一群蒙面化妝成鬼怪的小孩，到人家門前威脅要糖吃一樣。

◎ 紅頭山雀。

　　冠羽畫眉中規中矩的吸食山櫻花蜜，常常必須辛苦的倒吊著身軀，逆著櫻花垂吊的方向，由下而上迅速、準確的將嘴尖伸入管狀花瓣裡，一面汲蜜、一面完成授粉儀式。紅頭山雀不想這麼麻煩，牠們直接從花瓣的腰身上，乾脆啄穿一個小洞，隔著花瓣由外朝內汲取花蜜。櫻花受不了摧殘紛紛掉落。只要看到地上掉落的櫻花，

◎ 雲雀。

◎ 綠繡眼。

◎ 高蹺鴴。

◎ 東方環頸鴴。

◎ 小白鷺。

花瓣上有一個小洞，就知道不久前曾遭到一群小搗蛋的肆虐。

自然的安排，看來山櫻花只有逆來順受的分。不過，每年梨山地區，山櫻果實結實累累、鮮豔欲滴，看不出曾經因為花朵受到損害而有「欠收」或「不足」的現象。紅頭山雀或許正扮演著「平衡」的角色也說不定。

野鳥觀察筆記

巢

許多人眼中，鳥巢猶如鳥的家。所謂「倦鳥歸巢」、「鳳還巢」，鳥之有巢好比人之有家一樣，大多數野鳥只在繁殖期間營巢。據我的觀察，不論成鳥或是幼鳥，都巴不得趕快離開鳥巢，一旦離巢便不再回「家」，因為，鳥巢是一個極不自由也不安全的場所。不過有些鳥類會重複使用舊巢，麻雀似乎也有戀巢的習性。

鳥類營巢的方式差異很大，有的結草、有的架樹枝、有的鑿洞、有的隨處蹲在海灘地上…，有些較精緻的鳥巢，還會使用「複合」材料。綠繡眼、黑枕藍鶲、大卷尾常取用蜘蛛絲作為巢材的「黏劑」。難怪同是鳥友的柯老師注意到：野鳥繁殖期間，林間的蛛網顯著減少。最近觀察到的鳥巢，還混雜一些輕便耐用的塑料當做巢材。

◎ 麻雀的窩。

◎ 家燕。

◎ 4月是家燕忙碌的季節。親鳥們要在空中來回多少次、累積多少蚊蠅蟲蚋，才能滿足這些雛鳥？

燕歸來

　　雜貨店大目伯家的媳婦將要生產了。可是令人擔心的是門口的馬路即將拓寬，雜貨店要向後退移，騎樓必須拆除。同一條馬路的左鄰右舍都已自動搬遷，只有大目伯手持標語，堅持延緩拆遷，理由是媳婦就要生產，搬遷恐怕會動了胎氣。

　　台灣民間的習俗，有孕婦的家裡不可隨意移動家具，甚至不能在牆上釘一根釘子，否則對腹中的胎兒不利。這個理由冠冕堂皇，施工單位也莫可奈何。

　　其實大目伯阻止施工的真正理由只有我知道。

　　每年4、5月的時候，我幾乎每天都到大目伯的店裡去拍照，有一對家燕連續四年都在雜貨店騎樓的牆角上做窩築巢，大目伯年年看著一窩窩的小燕子成長，就好像看著自己的孫子一樣。

◎ 赤腰燕。

　　「唉！養這些燕子實在有夠麻煩！」每次我在拍照的時候，大目伯總是向我訴苦，「拉屎拉得滿地！沒有一點好處。」其實台灣人普遍認為燕子是吉祥動物，會帶來人旺、財旺的福氣。大目伯是在向我炫耀他有著甜蜜的負擔。每天不但不厭其煩的打掃燕子的糞便，還趁燕子不在的時候，做了一個托板釘在燕窩下，深怕有一天燕窩會掉下來，燕子就不再回來築巢。

　　拓寬的馬路已經接近完成的階段了，可是大目伯的店還沒有拆

◎ 上：家燕常在騎樓下築巢，被認為是吉祥的象徵，受到商家的保護。
　下：毛腳燕是中海拔山區常見的留鳥，常在岩壁、隧道內壁築巢。

◎ 灰沙燕是過境鳥，遷徙時，常在電線上休息。

◎ 灰沙燕。

除，工程人員急得跺腳。

　　一天下午，一輛救護車停在雜貨店的門口，把大目伯的媳婦載到醫院去生產，施工人員馬上派人和大目伯商量搬遷的事，不料，大目伯仍然頭綁白布條，手舉抗議標語誓死保護雜貨店。工程單位忍無可忍，請來了警察和市政府人員打算強制拆除。這時大目伯不得已，手指著騎樓角落上的燕窩，低聲下氣的要求大家再延幾天，好讓小燕子順利離巢。

　　為了保護一窩燕子而抗爭的事，經過報紙、電視的報導，使大目伯一夜成名。雜貨店在小燕子離巢後終於順利拆除，店面向後退移，不久後重新開張，而且生意興隆，許多人慕名前來，這未嘗不是燕子築巢所帶來的福氣？可是屋已拆了，窩也毀了，燕子還會回來嗎？

　　第二年4月，我照例到大目伯的店裡，新店面已改名叫作「燕來雜貨店」，一家電視台的攝影機對著雜貨店新騎樓的牆角上，拍攝家燕抱卵的特寫，大目伯還抱著週歲的孫女燕燕在騎樓下現身說法呢！

野鳥觀察筆記

銜糞

雛鳥的消化道還不周全，時常有進就有出。
鳥窩的排便問題也許非關整齊、清潔，但
也是育雛期間的每日課題。有些鳥窩高懸枝頭，
雛鳥們只要屁股朝外就能就地解決。有些鳥類就
細心多了，親鳥在每一次餵食之後，會等待雛
鳥排便。雛鳥的糞便外層裹著一層「糞囊」，親鳥銜著「糞囊」
到巢外丟棄。初期，親鳥還會吞食「糞囊」汲取糞便裡的剩餘
價值。我對翠鳥育雛時的排便問題甚感好奇，翠鳥以魚蝦為
食，雛鳥的糞便應是白色黏稠狀物質，巢洞深入土堤內約一公
尺，以每巢平均三隻雛鳥計，一天至少有百次排便。既不能銜
而棄之，又不見排出洞外，究竟如何就地解決呢？

◎ 銜糞。

◎ 虎鶇身上的斑具有保護作用，當牠棲息在光影斑駁的樹林下時，確實令人撲朔迷離。

鶇亞科

驕傲？可恥

　　山中小吃店的老闆說虎鶇肉曾經是老饕的桌上佳餚，近年來數量銳減，已不可多得。經他的指點，我在中橫公路關原附近的松林步道上看到了一隻虎鶇。牠看到我手持相機慢慢靠近，馬上飛到附近的松枝上，我無法讓牠知道我只是一個攝影者而不是老饕，也無法向牠解釋不是所有的人類都會殘殺鳥類。虎鶇在枝頭上觀望了一會兒，隨即向小山坡的另一頭飛去，消失無蹤。

　　我失望之餘駕著車慢慢的駛進松林，在一個轉彎處赫然發現虎鶇就在車頭不遠的路旁覓食，無視於發出引擎聲的四輪大怪物正在慢慢靠近，我在車上拍了不少牠的個人寫真專輯，並且獲得一個經驗和啟示：虎鶇懼怕人類而不怕體型比人類大數倍的汽車。在虎鶇的社會裡一定互相告誡：看到人類，先逃為妙。身為人類的我們，不知應該感到驕傲還是可恥？

◎ 虎鶇。

◎ 從中海拔山區到平地海邊都可以看到赤腹鶇,分布很廣,適應力強,可是生性機警膽小,不容易看到。

「奉茶」的心意

　　冬天腳步近了，和往年一樣，北方冷氣團隨著高氣壓逐漸南下侵襲台灣；南方溼熱的低氣壓不甘示弱，仍然頑強的抵抗。台灣氣候正處於冷熱交會之際，乍暖還寒，冷空氣下降；熱空氣上升，交互作用的力量，形成一波波由北而南的空氣波浪，這時候，正好是候鳥遷徙最佳時機。

　　赤腹鶇和其他候鳥們，憑著天生良能，嗅到了來自南方的氣味，不約而同振翅高飛；捕捉到上升氣流之後，終於乘上波浪頂端，好像衝浪一樣，一路滑翔南下。大約在大肚溪口附近，冷空氣已經逐漸失去威力，面對愈來愈強的南風，候鳥們紛紛降落，尋找棲息落腳之地，一面休息補充體力、一面等待另一次南下的機會。

　　我沿著濱海公路一路驅車南下。雖然時值12月天，可是在台灣的冬天，仍然可以感覺到炎炎夏季的威力。我和賞鳥朋友國隆約好了，在中彰大橋附近，公路旁一間土地廟見面。據說，在那裡還有人提供免費的「奉茶」。雖然一路上到處都有商店販賣礦泉水和飲料，我還是強忍著口渴，一心只為了想要品嘗這種特有的、古老的人情味。廟前榕樹下果然有一

◎ 赤腹鶇。

◎ 斑點鶇生性機警隱密，常常只聞其聲不見蹤影。想要取得這樣的鏡頭畫面，還要許多好運氣才行！

個特製不鏽鋼茶桶，上面漆著「奉茶，旅途愉快」。淡淡一盅茶水，談不上清涼美味，卻是台灣「在地人」特別為「出外人」體貼的心意。為素昧平生的過路人準備茶水，雖然不是什麼高尚的人格情操，卻充分流露著人與人之間最自然真誠，毫不矯情的愛與關懷。

享受完茶水之後，國隆小心翼翼帶著我穿過樹林，找到一處廢棄菜園。我心想，這麼熱的天氣，在這種地方能看到什麼鳥兒呢？國隆找來一條水管，旋開水龍頭，讓水緩緩注入菜園空地。不久，窪地上漸漸形成一小片積水。說也奇怪，附近木麻黃樹林上漸漸有了鳥兒的聲音，我們趕緊躲進偽裝帳棚裡。

白頭翁早已按耐不住口渴，飛下來停在附近竹叢上左顧右盼，先做一番詳實打探，確定沒有安全顧慮之後，就大膽飛到水邊。接著隱藏在樹林裡的赤腹鶇、白腹鶇、斑點鶇…紛紛效仿，先是戒慎恐懼，站在水邊試探觀望，然後怯生生的喝一口水，忍不住再喝一口…，終於放下戒心鬆解羽毛，盡情享受國隆為牠們盛意準備的「奉茶」。有些鳥兒更是顧不得斯文掃地，毫無顧忌的跳進水坑裡，水花四濺，旁若無人似的洗起澡來了。

這些鶇科鳥類從遙遠北方飛來台灣，年復一年從不間斷。高空中俯瞰西部濱海一帶，海埔地逐年擴大，一口口養殖魚塭如春筍

◎ 斑點鶇。

◎ 常在陰暗潮溼的樹林底層活動，偶有桑科野果成熟時，還是受不了誘惑，飛到樹上大快朵頤。

般冒出。魚池不怕海風，不需要種植防風林來保護土地，於是可供野鳥棲息的樹林綠地逐漸減少。台灣冬天正好是枯水期，雨水少，河流乾涸，沿海居民大量抽取地下水。雖然遍地魚池，可是池水深、池壁陡峭，野鳥們無法靠近飲水和洗澡，西部海岸好像是一片水鄉澤國，可惜對野鳥而言，卻形同一片沙漠。

人情味僅僅及於同胞嗎？其實不然，許多野鳥愛好者和保育人士熱心奔走，出錢出力，為了營造鳥類棲息的環境，設置了野鳥保護區。可惜保護區的規劃多半是為了方便人類賞鳥而設計，在設備完善的保護區裡，常常只看到賞鳥人群，鮮少有野鳥甘願飛來接受保護。或許有人說，營造一個適合野鳥棲息的自然環境是多麼艱鉅的工程。可是當我看到野鳥喝水的動作與行為才恍然覺悟：

累了，有地方休息；

渴了，有地方喝水；

熱了，有地方洗澡。

人類只要付出一些「奉茶」的心意，自然環境其實就是這麼簡單。

◎ 小剪尾。

◎ 紫嘯鶇是台灣特有種鳥類，全身帶有金屬光澤的寶藍色，常在陰涼有水的地方活動

小溪應猶在

　　大約二十幾年前，當時我還是一個美術系的學生。學校位於一座山崗上，山崗下是一片有梯田的小山坡，我常常沿著山邊的公路走到小山坡上寫生。有一條清澈的小溪滋養著山坡上的農作物。我常看到一隻深藍色的大鳥沿著小溪巡行，發出好像腳踏車緊急剎車一樣的聲音。

　　10年後，山坡上的梯田變成了住宅區，其中一棟公寓的五樓也成了我的家。住宅區裡的人每天早出晚歸，他們從來不曾有過梯田、小溪和藍鳥的回憶。小溪還在，不協調的穿梭於水泥建築之間，有時還得勉強的隱藏在加蓋的路面下。偶爾一陣淒厲的剎車聲迴盪在公寓和大樓之間。藍鳥也還在，卻引不起多少人的注意。

　　藍色的大鳥叫作紫嘯鶇，清澈的小溪是牠們賴以生存的環境。每天晨昏，我看見藍鳥依然沿著小溪跳上跳下，有時飛到大樓的水塔上，有時進出鄰居公寓陽台的鐵窗，在洗衣機和瓦斯桶下找尋食物。有時一陣嘯聲掠過我家屋頂的陽臺。只要小溪還在，溪水仍然保持清澈，紫嘯鶇願意和人類一起生活，因為和人類競爭並沒有好下場。

◎ 紫嘯鶇。

　　有一天，紫嘯鶇一反常態的叫個不停。急躁而淒厲的聲音引起住在附近公寓裡的人打開門窗看個究竟。原來住在一樓的住戶打算在防火巷上加蓋屋頂和圍牆。本來以為神不知鬼不覺，誰知道竟然冒出一隻藍色大鳥叫個不停，引起大家注意，有人打電話報請警察取締違章建築。

　　「我家的違建干你的鳥事？」

　　一樓的住戶看著這隻叫個不停的鳥感到十分不解。

　　我心裡暗自好笑，因為我知道地下室蓄水池附近牆角上有一個鳥窩，紫嘯鶇才不在乎社區多出一個違章建築，只是圍起防火巷阻斷了牠進出地下室的通路。

◎ 藍喉鴝。

◎ 鉛色水鶇（雄）是山區溪澗的水鳥，以捕捉溪流上空飛蟲為食。

飛蟲捕手

鉛色水鶇站在溪流的石頭上，尾巴不停的一剪一合，像剪刀一樣，看起來有點神經質。不時飛躍起來，在河面上繞一個小小的圓圈，回到原來站立的地方，好像就已經獲得了小小的滿足。

我對這種體型圓滾的小水鳥感到好奇。據說，鉛色水鶇只願意在清澈河流的水域生存，所以當我們在溪流水域上看到鉛色水鶇，幾乎可以認定這一條河流是乾淨的、沒有被污染的水域。

年輕的時候，曾不惜路途遙遠，從台北搭火車到宜蘭，再換公路局客運，沿著蘭陽溪上游的中橫支線，深入大甲溪上游、七家灣溪流域一帶的武陵農場。那個時候的農場遍植溫帶果樹，原始針葉林和楓香、槭樹以及人工花草，清澈溪流裡還留有珍貴的游魚。只要入山的時機對了，那裡真是稱得上世外的人間桃花源。

曾幾何時，高冷蔬菜叫價高昂，農場既不能免俗又不能堅持潔身自愛。一卡車一卡車的糞肥和農藥運抵農場，換取一卡車一卡車的高麗菜和菠菜載運下山。殘餘農藥和氧化物質順勢流向河川，直接毒害上游部落和下游水庫。糞肥孳生大量蠅蚋，使得農場和附近範圍，儼然成為一個大型的蒼蠅窩一樣。

◎ 鉛色水鶇（雌）。

鉛色水鶇倒是樂在其中，愈來愈多的飛蟲食物，讓牠們養尊處優，個個吃得圓胖胖的。看來鉛色水鶇的溪流污染指標性並不是很堅固，潔身自愛又有什麼好堅持？

關渡老李

多年來關渡老李持續在貴仔坑溪的空地上放置食餌，引來一些稀有的野鳥，固定前來索食，當然也引來許多鳥類攝影者。盛況時，一、二十架攝影器材擠滿了方寸之地，讓途為之塞並不為過。終於免不了招致愛鳥人士的討論與批評。有人說非自然的攝影作品並不可取；也有人說野鳥會喪失野外覓食的本能。總之，反對的理由永遠是冠冕堂皇，激情者更期期以為不可，攻訐、謾罵、詆毀，充分表現了愛鳥甚於愛人的情操。

爭議中，我們忽略了始作俑者──老李，他看來像是個退休老兵，閒來無事只愛拍攝野鳥做為消遣。

「讓鳥兒自己上門。」老李的理由是：

「年紀大了，無法扛著沈重的器材到處尋找鳥兒。」

對於自己設置的餵食點，引來攝影人潮，招致熱烈討論。耳不聰、目不明的老李，無視於旁人的非議，好像事不干己，反而靜靜的另覓一處偏僻的地點，繼續餵食，引誘野鳥上門。

◎ 黃尾鴝（雌）。

那一隻被改變覓食行為的黃尾鴝雌鳥，從此跟定了老李。這麼大的關渡平原，老李走到哪裡，黃尾鴝總是長隨左右。

4月間，所有候鳥早已耐不住炎熱的氣候，紛紛北返。看起來營養過剩，肥嘟嘟的黃尾鴝，還站在老李身邊的蓬草上，不時搖著尾

◎ 黑喉鴝是近年來關渡地區知名的候鳥嬌客

羽。

「去，去，去，該回去了！」

老人家對著黃尾鴝揮揮手，心裡不捨，口中卻唸唸有詞。像是催促承歡膝下的孫子輩趕快回到父母懷抱一樣。

今年關渡平原的鳥況比往年熱絡，接受老李餵食的野鳥也愈來愈多，包括一雄、一雌和亞成鳥的黃尾鴝家族。其中那一隻雌黃尾鴝，像識途老鳥一樣，居然可以毫不認生的從老李手中取走食物。

野鳥觀察筆記

望遠鏡

賞鳥者必備的工具。一般望遠鏡都有倍率和口徑的標示，如8×10，8代表倍率，10代表物鏡的口徑（mm），又（口徑÷倍率）的平方＝明亮度。倍率愈大看得愈近；口徑愈大，進光量愈多；明亮度的值愈大當然也愈明亮。不過，用來賞鳥的望遠鏡以輕便、方便、清晰為首要原則。倍率和口徑並非愈大愈好，明亮度以9-25為較佳選擇。

◎雙筒望遠鏡

視角寬廣，可以雙手握持，穩定性較佳，方便尋找野鳥。倍率以7至10倍為宜。

◎單筒望遠鏡

視角較小、較重，須配合腳架使用，適合遠距觀察。倍率以20至40倍為佳。

◎ 白尾鴝（雌）。

野鳥觀察筆記

足趾爪

鳥類的「足」指的是跗蹠與趾爪的部分。足部是鳥類另一個運動與覓食的器官。由於每一種鳥類的生活領域和運動、覓食方式各自不同，足與趾爪的演化也相當歧異。

足
趾
跗蹠
爪

◎ 白頭鶇是稀有的特有亞種。每當山桐子成熟時，吸引成群白頭鶇覓食，也吸引大批賞鳥客前來一睹芳容。

◎ 黑喉鴝。　　　　　　　　　◎ 藍磯鶇。

野鳥觀察筆記

捕鳥網

荒郊野外的攝影工作，常常會看到綿延數十公尺，黑色細密的捕鳥網，網上掛著乾扁的鳥屍隨風搖曳，無人聞問。鳥網大多設置在谷地盡頭山巒稜線附近。獵人並不一定全天守候，有空才巡視一遍。只取活鳥，傷殘死亡者就任其曝屍鳥網上。

◎ 野鴝（雌），是善於鳴叫的野鳥。尤其是雄野鴝，常常站在曠野的矮灌木叢上叫個不停。

◎ 野鴝（雄）。

◎ 粉紅鸚嘴是台灣特有亞種野鳥，普遍但卻不常見，因為牠們總是在陰密灌木叢中穿梭活動，很少曝光。

大英博物館的標本鳥

　　網路上最近流傳一些鳥類照片，其中有一張拍的是小鳥的正面，看起來像一粒畫上眼睛、嘴巴的圓球似的，主旨是「圓滾滾的小鳥」。這可愛的小鳥，就是粉紅鸚嘴，是台灣特有亞種。雖然普遍卻不常見，原因是牠們常穿梭於草叢中，生性隱密，沒有特殊的外型、顏色或悅耳的鳴聲足以取悅人類，所以一般人視而不見。網路上傳來傳去，引起許多人注意，紛紛留言：

　　「好可愛喔！」

　　「卡哇伊ㄋㄟ！」

　　「小鳥也可以吃得這麼胖ㄇ？」

　　從來沒有人提出類似「這是什麼鳥？」、「在哪裡看到的？」的問題。

　　西元1885年，英國的東亞鳥類學家史溫侯，在台灣第一次看到粉紅鸚嘴，喜悅與好奇沛然心生。百多年前，當台灣還處在蓽路藍縷的時候，大英帝國早已一心向外拓展墾殖，侵略者不當只是誇耀帝國榮耀和經濟掠奪而已，殖民優越感的背後還伴隨著強烈的求知慾望。不論天文地理、生態環境、人文社會；職業的、業餘的專家學者，分遣世界各地。觀察、記錄、標本、取樣，全部送回大英博物館，經過整理、分類、正名，然後作了最佳邏輯化的處理。

　　一隻可愛的無助野鳥，實在無關乎帝國榮耀，不過，百多年以後，當我看到粉紅鸚嘴，在矮灌叢裡跳進跳出時，仍然看到英國人驕傲的眼神。

 鸊鷉科

迎接另一個心情

在紅樹林的沼澤區中有一個廢棄的小魚池,那是一個屬於我自己的「祕密地方」。這陣子我的工作遭遇瓶頸,瑣事煩雜,壓力愈來愈大。於是我選擇逃避,遠離一切,逃到一個沒有禮教的拘束、沒有討厭的人群、沒有做不完的工作…,一個完全屬於我的「祕密地方」。

我用樹枝和茅草在池邊搭蓋了一個僅能容身的棚子。棚內鋪上柔軟的乾草任我或坐或臥。整個夏天我幾乎把這個簡陋的草寮當做我的工作室。面對著池塘,正好可以觀察住在這裡的一對小鸊鷉。

小鸊鷉常潛入水中叼起一片片水草,在池邊的蘆葦中築一個浮在水面上的巢,並且交配產下兩粒雪白的卵。小倆口輪流孵蛋,眼看即將為人父母,小鸊鷉露出滿足的表情。

可是,平靜的水面突然起了漣漪,一條饑餓的水蛇趁虛游近鳥巢,想要吞食鳥蛋。兩隻小鸊鷉為了保護鳥巢衝向前去奮勇抵抗,一面著急的叫著、一面撲打水面。水蛇不敵終於落荒而逃,可是兩粒鳥蛋卻在混亂中掉入水裡。

遭逢巨變之後,小鸊鷉整天魂不守舍的徘徊在巢邊低鳴,池塘雖然恢復了平靜,卻也蒙上一層悲傷的氣氛。

幾天後,我看見小鸊鷉又開始忙進忙出,在池塘的對面構築另一個新巢。有了目標就沒有悲傷的權利,也沒有逃避的理由,因為牠們必須在颱風季節來臨前,趕緊孵育出新的下一代。

我收拾了器材,也收拾我的壞心情準備告別小鸊鷉和「祕密地方」。我打算更換新的生活目標,在另一波壞心情來臨之前努力經營我的人生。

野鳥觀察筆記

生物多樣性

生物多樣性就是地球上所有物種的統稱。

1993年由世界各地的科學家們，在巴西里約熱內盧舉行「地球高峰會」，與會者共同簽訂了「生命多樣性公約」。

其實，每一位科學家、小學生或田裡的老農夫都知道生命擁有各種不同的形式，為什麼還需要在地球高峰會上簽署公約呢？科學家也好、老農夫也好，對於多樣性的看法是一樣的：對我們有益的物種想辦法增加；有害的、無益的去之而後快。科學家忙著發現或是創造新種、消滅或是抑制不良種；農夫們忙著施作增生、噴灑農藥。我們都知道生物多樣性存在，卻從來不在乎它們不存在；可悲的是，我們甚至不知道（或許永遠不知道）地球上有多少物種生命？每一個物種應該有多少合理的數量？如何搭配合理的數量？

「生命多樣性公約」或許只是一種宣示的意義，讓我們體認多樣性實質存在是地球生態的前提，進而討論有關「尊重」、「保護」、「控制」……等，這些議題才有法源依據。

劉伯樂

1952年生於台灣最美的地方——南投縣埔里鎮,生辰也恰到好處。

1976年畢業於文化大學美術系西畫組。

曾任台灣省教育廳兒童讀物編輯小組美術編輯。

現在從事寫作、圖畫書創作、插畫、攝影及野鳥生態繪圖等工作。

參考書目◎《台灣野鳥圖鑑》·《台灣鳥類研究開拓史》·《彰化市ㄟ鳥仔》·
《台灣鄉土鳥誌》·《種子的信仰》·《台灣脊椎動物誌》

自然追蹤
有鳥飛過

2004年5月初版　　　　　　　　　　　　　　　　　定價：新臺幣450元
有著作權·翻印必究
Printed in Taiwan.

文·攝影　劉　伯　樂
發 行 人　劉　國　瑞

出 版 者　聯經出版事業股份有限公司　　責任編輯　黃　惠　鈴
台 北 市 忠 孝 東 路 四 段 5 5 5 號　　　　　　　　高　玉　梅
台 北 發 行 所 地 址：台北縣汐止市大同路一段367號　校　　對　李　望　雲
　　　　　　電話：(0 2) 2 6 4 1 8 6 6 1　　封面設計　陳　泰　榮
台 北 忠 孝 門 市 地 址：台北市忠孝東路四段561號1-2樓
　　　　　　電話：(0 2) 2 7 6 8 3 7 0 8
台 北 新 生 門 市 地 址：台北市新生南路三段94號
　　　　　　電話：(0 2) 2 3 6 2 0 3 0 8
台 中 門 市 地 址：台中市健行路 3 2 1 號
台 中 分 公 司 電 話：(0 4) 2 2 3 1 2 0 2 3
高 雄 辦 事 處 地 址：高雄市成功一路363號B1
　　　　　　電話：(0 7) 2 4 1 2 8 0 2
郵 政 劃 撥 帳 戶 第 0 1 0 0 5 5 9 - 3 號
郵 撥 電 話：2 6 4 1 8 6 6 2
印 刷 者　文 鴻 彩 色 製 版 印 刷 公 司

行政院新聞局出版事業登記證局版臺業字第0130號

ISBN　957-08-2705-X（精裝）

國家圖書館出版品預行編目資料

有鳥飛過 / 劉伯樂文・攝影 . --初版 .
--臺北市：聯經，2004 年（民 93）
288 面；20×20 公分 . (自然追蹤)

ISBN   957-08-2705-X(平裝)

1.鳥-通俗作品

388.8   93006189

書名/黑面琵鷺

完整紀錄黑面琵鷺從出生到遷徙的自然生態書

文・攝影/林本初

定價/280 元

頁數/156 頁

每年 9 月底來台度冬的黑面琵鷺，體態優美，具有「黑面舞者」的美名，深獲台灣愛鳥人士的喜愛。本書詳盡描述黑面琵鷺生命史，並以珍貴圖片搭配解說，內容深入淺出，寓教於樂。

書名/賞蛙呱呱叫

青蛙公主楊懿如帶領你經歷一趟賞蛙的驚異之旅

附贈：台灣 29 種青蛙鳴叫 CD＋賞蛙快速鑑定圖鑑海報

文/楊懿如・攝影/李鵬翔

定價/350 元

頁數/216 頁

（另附 CD＋賞蛙快速鑑定圖鑑海報）

如果您是賞蛙新手，閱讀本書將是您深入認識台灣蛙類的一個很好的機會。

這本書雖然以賞蛙的故事為主，但也是一本小圖鑑，賞蛙小秘訣及台灣蛙類快速鑑定，將幫助您找尋及辨認台灣的 31 種蛙類。

書名/近郊蝴蝶

作者/徐堵峰

定價/380 元

頁數/240 頁

本書內容是依人們的生活環境來區分章節，所有在都市和近郊可以發現蝴蝶蹤影的地點，都一一列舉出常見的蝶種。全書 55 種蝴蝶的成蝶特徵、幼期特徵、寄主植物、生態習性、和近似種的區別，都有清楚的介紹。

聯經出版公司信用卡訂購單

信用卡別： □VISA CARD □MASTER CARD □聯合信用卡

訂購人姓名： _____

訂購日期： _____年_____月_____日

信用卡號： _____ _____ _____ _____

信用卡簽名： _____(與信用卡上簽名同)

信用卡有效期限： _____年_____月止

聯絡電話： 日(O)_____夜(H)_____

聯絡地址： □ □□_____

訂購金額： 新台幣_____元整

（訂購金額 500 元以下，請加付掛號郵資 50 元）

發票： □二聯式 □三聯式

發票抬頭： _____

統一編號： _____

發票地址： _____

如收件人或收件地址不同時，請填：

收件人姓名： □先生

_____ □小姐

聯絡電話： 日(O)_____夜(H)_____

收貨地址： _____

· 茲訂購下列書種·帳款由本人信用卡帳戶支付 ·

書名	數量	單價	合計
		總計	

訂購辦法填妥後

直接傳真 FAX：(02)8692-1268 或(02)2648-7859

洽詢專線：(02)26418662 或(02)26422629 轉 241

網上訂購，請上聯經網站：http://www.linkingbooks.com.tw